2021 版
全国二级造价工程师职业资格考试辅导教材

建设工程造价管理基础知识
复习题集

江苏省工程造价管理协会
捷宏润安工程顾问有限公司   编写

中国建筑工业出版社

图书在版编目（CIP）数据

建设工程造价管理基础知识复习题集／江苏省工程造价管理协会，捷宏润安工程顾问有限公司编写. —北京：中国建筑工业出版社，2021.7（2021.9重印）
全国二级造价工程师职业资格考试辅导教材
ISBN 978-7-112-26266-3

Ⅰ.①建… Ⅱ.①江…②捷… Ⅲ.①建筑造价管理—资格考试—习题集 Ⅳ.①TU723.31-44

中国版本图书馆CIP数据核字（2021）第118332号

根据人力资源社会保障部印发的《关于公布国家职业资格目录的通知》（人社部发〔2017〕68号），住房和城乡建设部、交通运输部、水利部、人力资源和社会保障部联合印发的《造价工程师职业资格制度规定》和《造价工程师职业资格考试实施办法》（建人〔2018〕67号），依据《全国二级造价工程师职业资格考试大纲》（2019版）、《建设工程造价管理基础知识》（2021版），本书编委会组织行业专家编写了本书，本书可作为全国二级造价工程师职业资格考试辅导用书。

责任编辑：李　慧
责任校对：张惠雯

全国二级造价工程师职业资格考试辅导教材
建设工程造价管理基础知识复习题集
江苏省工程造价管理协会
捷宏润安工程顾问有限公司 编写

*

中国建筑工业出版社出版、发行（北京海淀三里河路9号）
各地新华书店、建筑书店经销
北京红光制版公司制版
北京圣夫亚美印刷有限公司印刷

*

开本：787毫米×1092毫米　1/16　印张：13¾　字数：335千字
2021年7月第一版　　2021年9月第二次印刷
定价：54.00元
ISBN 978-7-112-26266-3
（37808）

版权所有　翻印必究
如有印装质量问题，可寄本社图书出版中心退换
（邮政编码 100037）

全国二级造价工程师职业资格考试辅导教材编审委员会

主编单位：江苏省工程造价管理协会
　　　　　　捷宏润安工程顾问有限公司
主　　编：金常忠
副 主 编：孙　璐　沈春霞
主　　审：王如三
参编人员：沈春霞　杨　柳　封　帅　孙　娟　虞志霞
　　　　　　王　舜　余　静　代欢欢　吴丽丽

前言 PREFACE

为了满足广大考生的应试复习需要,便于考生正确理解考试大纲的要求,尽快掌握复习要点,更好地适应考试,江苏省工程造价管理协会和捷宏润安工程顾问有限公司根据《全国二级造价工程师职业资格考试大纲》(2019版)、《建设工程造价管理基础知识》(2021版),组织专家编写了《建设工程造价管理基础知识复习题集》(2021版)。

本书主要特点下列:

1. 全面覆盖所有知识点要求,力求突出重点。

2. 在内容编排上,力求练习题的难易、大小、长短适中。

3. 短时间内切实帮助考生理解知识点,掌握难点和重点,提高应试水平及解决实际工作问题的能力。

4. 本书含1000多道练习题及部分地区的考试真题,可满足考生复习使用。

本书在编写过程中,难免存在缺点和错误,恳请广大读者提出批评和建议,以便我们修订时完善。

答疑备考QQ群
(基础知识)

各章节习题
答案及解析

目录 CONTENTS

第1章 工程造价管理相关法律法规与制度 ········· 1
第1节 工程造价管理相关法律法规 ········· 1
第2节 工程造价管理制度 ········· 21

第2章 工程项目管理 ········· 25
第1节 工程项目管理概述 ········· 25
第2节 工程项目实施模式 ········· 39

第3章 工程造价构成 ········· 47
第1节 概述 ········· 47
第2节 建筑安装工程费 ········· 50
第3节 设备及工器具购置费 ········· 61
第4节 工程建设其他费用 ········· 68
第5节 预备费和建设期利息 ········· 75

第4章 工程计价方法及依据 ········· 81
第1节 工程计价原理 ········· 81
第2节 工程计价依据及作用 ········· 83
第3节 工程造价信息及应用 ········· 99

第5章 工程决策和设计阶段造价管理 ········· 102
第1节 决策和设计阶段造价管理工作程序和内容 ········· 102
第2节 投资估算编制 ········· 105
第3节 设计概算编制 ········· 110
第4节 施工图预算编制 ········· 117

第6章 工程施工招标投标阶段造价管理 ········· 124
第1节 工程施工招标投标概述 ········· 124
第2节 工程量清单编制 ········· 132
第3节 最高投标限价编制 ········· 143

第 4 节　投标报价编制 …………………………………………………………… 150

第 7 章　工程施工和竣工阶段造价管理 …………………………………… 160

第 1 节　工程施工成本管理 ……………………………………………………… 160
第 2 节　工程变更与索赔管理 …………………………………………………… 171
第 3 节　工程计量支付与结算 …………………………………………………… 182
第 4 节　竣工决算 ………………………………………………………………… 189

模拟预测卷（一） ………………………………………………………………… 193

模拟预测卷（二） ………………………………………………………………… 203

第1章　工程造价管理相关法律法规与制度

第1节　工程造价管理相关法律法规

复习要点

1. 建筑法

（1）建筑许可

建筑许可包括建筑工程施工许可和资格许可。

1）建筑工程施工许可

建筑工程开工前，建设单位应当按照国家有关规定向工程所在地县级以上人民政府建设行政主管部门申请领取施工许可证。批准开工报告的工程，不再领取施工许可证。

申领施工许可证，应当具备以下条件：

① 已办理建筑工程用地批准手续；
② 在城市规划区内的建筑工程，已取得规划许可证；
③ 需要拆迁的，其拆迁速度符合施工要求；
④ 已经确定建筑施工单位；
⑤ 有满足施工需要的施工图纸及技术资料；
⑥ 有保证工程质量和安全的具体措施；
⑦ 建设资金已经落实；
⑧ 法律、行政法规规定的其他条件。

2）施工许可证的有效期限

内容	时间
领取施工许可证后开工的时间	3个月内
开工延期的时间	3个月（可延期两次）

3）单位资质：从事建筑活动的施工企业、勘察、设计和监理单位，按照其拥有的注册资本、专业技术人员、技术装备、已完成的建筑工程业绩等资质条件，划分为不同的资质等级。

4）专业技术人员资格：从事建筑活动的专业技术人员，应当依法取得相应的执业资格证书，并在执业资格证书许可的范围内从事建筑活动。

（2）建筑工程发包与承包

1）建筑工程发包

发包方式	建筑工程依法实行招标发包，不适合的也可以直接发包
禁止行为	①提倡对建筑工程实行总承包，禁止将建筑工程肢解发包。 ②按合同约定，建筑材料、建筑构配件和设备由工程承包单位采购的，发包单位不得指定承包单位购入用于工程的建筑材料、建筑构配件和设备或者指定生产厂、供应商

2）建筑工程承包

承包资质	在资质等级许可的业务范围内承揽工程
联合承包	共同承包的各方对承包合同的履行承担连带责任。两个以上不同资质等级的单位实行联合共同承包的，应当按照资质等级低的单位的业务许可范围承揽工程
工程分包	①除总承包合同中已约定的分包外，必须经建设单位认可。 ②施工总承包的，建筑工程主体结构的施工必须由总承包单位自行完成

3）建筑工程监理

① 国家推行建筑工程监理制度。

② 工程监理人员发现工程设计不符合建筑工程质量标准或者合同约定的质量要求的，应当报告建设单位要求设计单位改正；认为工程施工不符合工程设计要求、施工技术标准和合同约定的，有权要求建筑施工企业改正。

4）建筑工程安全管理

① 建筑工程安全生产管理必须坚持安全第一、预防为主的方针，建立健全安全生产的责任制度和群防群治制度。

② 施工现场安全由建筑施工企业负责。

③ 实行施工总承包的，由总承包单位负责。分包单位向总承包单位负责，服从总承包单位对施工现场的安全生产管理。

④ 建筑施工企业应当依法为职工参加工伤保险缴纳工伤保险费。鼓励企业为从事危险作业的职工办理意外伤害保险，支付保险费。

（3）建筑工程质量管理

建设单位的质量责任和义务		不得明示或暗示设计单位或施工单位违反工程建设强制性标准；降低建设工程质量
施工单位的质量责任和义务	工程施工	①施工单位必须按照工程设计图纸和施工技术标准施工，不得修改工程设计，不得偷工减料。 ②施工单位在施工过程中发现设计文件和图纸有差错的，应当及时提出意见和建议
	质量检验	施工单位必须按照工程设计要求、施工技术标准和合同的约定，对建筑材料、构配件和设备进行检验，不合格的不得使用

（4）建筑工程竣工经验收合格后，方可交付使用。未经验收或验收不合格的，不得交付使用。交付竣工验收的建筑工程，必须符合规定的建筑工程质量标准，有完整的工程技术经济资料和经签署的工程保修书，并具备国家规定的其他竣工条件。

2. 合同

（1）合同订立

合同形式	当事人订立合同，有书面形式、口头形式和其他形式。建设工程合同应当采用书面形式		
合同内容	一般包括：当事人的名称或姓名和住所；标的；数量；质量；价款或者报酬；履行的期限、地点和方式；违约责任；解决争议的方法		
合同订立的程序	要约	① 订立合同需要经过要约和承诺两个阶段。 ② 要约是希望和他人订立合同的意思表示。 ③ 要约应当符合：内容具体确定；表明经受要约人承诺，要约人即受该意思表示约束	
		要约的生效：要约到达受要约人时生效	
		要约的撤回和撤销。撤回要约的通知应当在要约到达受要约人之前或者与要约同时到达受要约人（要约未生效）； 撤销要约的通知应当在受要约人发出承诺通知之前到达受要约人（要约生效）。有下列情形之一的，要约不得撤销： ① 要约人确定了承诺期限或者以其他形式明示要约不可撤销。 ② 受要约人有理由认为要约是不可撤销的，并已经为履行合同作了准备工作	
		要约的失效。有下列情形之一的，要约失效： ① 拒绝要约的通知到达要约人。 ② 要约人依法撤销要约。 ③ 承诺期限届满，受要约人未作出承诺。 ④ 受要约人对要约的内容作出实质性变更	
	承诺	承诺是受要约人同意要约的意思表示	
		承诺的生效：承诺通知到要约人时生效	
		承诺的撤回：撤回承诺的通知应当在承诺通知到达要约人之前或者与承诺通知同时到达要约人	
		逾期承诺：受要约人超过承诺期限发出承诺的，除要约人及时通知受要约人该承诺有效以外，为新要约	
		要约内容的变更：关于合同标的、数量、质量、价款或者报酬、履行期限、履行地点和方式、违约责任和解决争议方法等的变更，是对要约内容的实质性变更。受要约人对要约的内容作出实质性变更的，为新要约	
合同成立	承诺生效时合同成立 ① 当事人采用合同形式订立合同的，自双方当事人签字或者盖章时合同成立。 ② 当事人采用合同书形式订立合同的，双方当事人签字或者盖章的地点为合同成立的地点		
格式条款	提供者的义务	公平原则确定义务权利，并向对方说明	
	格式条款无效	提供格式条款一方免除自己责任、加重对方责任、排除对方主要权利的，该条款无效	
赔偿和保密责任	当事人在订立合同过程中有下列情形之一，给对方造成损失的，应当承担损害赔偿责任： ① 假借订立合同，恶意进行磋商。 ② 故意隐瞒与订立合同有关的重要事实或者提供虚假情况。 ③ 有其他违背诚实信用原则的行为		

(2) 合同效力

合同生效	定义	合同的成立，是指双方当事人依照相关法律对合同的内容进行协商并达成一致的意见。合同成立的判断依据是：承诺是否生效。合同生效，是指合同产生法律上的效力，具有法律约束力
	时间	依法成立的合同，自成立时生效
效力待定合同	限制民事行为能力人订立的合同	① 限制民事行为能力人订立的合同，经法定代理人追认后，该合同有效。 ② 纯获利益的合同或者与其年龄、智力、精神健康状况相适应而订立的合同，不必经法定代理人追认，即为有效合同。 ③ 与限制民事行为能力人订立合同的相对人可以催告法定代理人在一个月内予以追认，法定代理人未作表示的，视为拒绝追认
	无权代理人代订的合同	无权代理人代订的合同主要包括行为人没有代理权、超越代理权限范围或者代理权终止后仍以被代理人的名义订立的合同。 ① 与无权代理人签订合同的相对人可以催告被代理人在一个月内予以追认。被代理人未作表示的，视为拒绝追认。无权代理人通过其表见代理行为与相对人订立的合同具有法律效力（即：表见代理所签订的合同为有效合同）。 ② 法人或者其他组织的法定代表人、负责人超越权限订立的合同的效力，除相对人知道或者应当知道其超越权限的以外，代表行为有效。 ③ 无处分权的人处分他人财产合同的效力。无处分权的人处分他人财产，经权利人追认或无处分权的人订立合同后取得处分权的，该合同有效
无效合同	情形	① 一方以欺诈、胁迫的手段订立合同，损害国家利益。 ② 恶意串通，损害国家、集体或第三人利益。 ③ 以合法形式掩盖非法目的。 ④ 损害社会公共利益。 ⑤ 违反法律、行政法规的强制性规定
	合同免责条款无效	① 造成对方人身伤害的。 ② 因故意或重大过失造成对方财产损失的
变更和撤销合同	情形	① 因重大误解订立的。 ② 在订立合同时显失公平的。受损害方有权请求人民法院或者仲裁机构变更或撤销
	撤销权消灭	① 具有撤销权的当事人自知道或者应当知道撤销事由之日起1年内没有行使撤销权。 ② 具有撤销权的当事人知道撤销事由后明确表示或者以自己的行为放弃撤销权
	法律约束力	① 无效的合同或被撤销的合同自始没有法律约束力。 ② 合同部分无效，不影响其他部分效力的，其他部分仍然有效。 ③ 合同无效、被撤销或者终止的，不影响合同中独立存在的相关解决争议方法的条款的效力。 ④ 合同无效或被撤销后，履行中的合同应终止履行；尚未履行的，不得履行。 ⑤ 对当事人依据无效合同或者被撤销的合同而取得的财产依法进行下列处理：返还财产或折价补偿；赔偿损失

(3) 合同履行

1) 合同生效后，当事人就质量、价款或者报酬、履行地点等内容没有约定或者约定不明确的，可以补充协议；不能达成补充协议的，按照合同有关条款或者交易习惯确定。

2）依照上述规定仍不能确定的，适用下列规定：
① 质量要求不明确的，按照国家标准、行业标准履行；没有国家标准、行业标准的，按照通常标准或者符合合同目的的特定标准履行。
② 价款或者报酬不明确的，按照订立合同时履行地的市场价格履行；依法应当执行政府定价或者政府指导价的，按照规定履行。

（4）违约责任

继续履行	继续履行是合同当事人一方违约时，其承担违约责任的首选方式
采取补救措施	标的物的质量不符合约定，按照当事人的约定承担违约责任
赔偿损失	当事人一方违约后，在履行义务或采取补救措施后，对方还有其他损失的，应当赔偿
违约金与定金	当事人既约定违约金又约定定金的，一方违约时，对方可以选择适用违约金或者定金条款

（5）合同争议解决

和解与调解	和解与调解是解决合同争议的常用和有效方式
	调解是指合同当事人之间发生争议后，在第三者的主持下，根据事实、法律和合同，经过第三者的说服与劝解，使发生争议的合同当事人双方互谅、互让、自愿达成协议，从而公平、合理地解决争议的一种方式
仲裁	根据合同中的仲裁条款或事后达成的书面仲裁协议，提交仲裁机构
诉讼	诉讼是指合同当事人依法将合同争议提交人民法院受理，由人民法院依司法程序通过调查、作出判决、采取强制措施等来处理争议的法律制度

3. 招标投标法及其实施条例

（1）《招标投标法》
1）必须进行招标的项目：
① 大型基础设施、公用事业等关系社会公共利益、公众安全的项目；
② 全部或者部分使用国有资金投资或者国家融资的项目；
③ 使用国际组织或者外国政府贷款、援助资金的项目。
2）招标方式分为公开招标和邀请招标。
3）招标文件发售起至投标人提交投标文件截止之日止，最短不得少于20日。

（2）《招标投标法实施条例》
1）招标

可以邀请招标	① 技术复杂、有特殊要求或者受自然环境限制，只有少量潜在投标人可供选择。 ② 采用公开招标方式的费用占项目合同金额比例过大
可以不招标	① 需要采用不可替代的专利或者专有技术。 ② 采购人依法能够自行建设、生产或者提供。 ③ 已通过招标方式选定的特许经营项目投资人依法能够自行建设、生产或者提供。 ④ 需要向原中标人采购工程、货物或者服务，否则将影响施工或者功能配套要求。 ⑤ 国家规定的其他特殊情形

2) 招标文件与资格审查

资格预审公告和招标公告	资格预审文件或者招标文件的发售期不得少于 5 日
资格预审	依法必须进行招标的项目提交资格预审申请文件的时间，自资格预审文件停止发售之日起不得少于 5 日
	招标人澄清或者修改的内容可能影响资格预审申请文件或者投标文件编制，招标人应当在提交资格预审申请文件截止时间至少 3 日前，或者投标截止时间至少 15 日前，以书面形式通知所有获取资格预审文件或者招标文件的潜在投标人。
	不足 3 日或者 15 日的，招标人应当顺延提交资格预审申请文件或者投标文件的截止时间

3) 招标工作的实施

禁止投标限制	属于以不合理条件限制、排斥潜在投标人或投标人的情形	就同一招标项目向潜在投标人或投标人提供有差别的项目信息
		设定的资格、技术、商务条件与招标项目的具体特点和实际需要不相适应或与合同履行无关的
		依法必须进行招标的项目以特定行政区域或特定行业的业绩、奖项作为加分条件或中标条件
		对潜在投标人或投标人采取不同的资格审查或评标标准
		限定或指定特定的专利、商标、品牌、原产地或供应商
		依法必须招标的项目：非法限定潜在投标人或投标人所有制形式或者组织形式
		以其他不合理条件限制、排斥潜在投标人或者投标人
总承包招标	以暂估价形式包括在总承包范围内的工程、货物、服务属于依法必须进行招标的项目且达到国家规定规模标准的，应当依法进行招标	
两阶段招标	对技术复杂或者无法精确拟定技术规格的项目，可以分两阶段进行招标	第一阶段：投标人按照招标公告或者投标邀请书的要求提交不带报价的技术建议
		第二阶段：按照招标文件的要求提交包括最终技术方案和投标报价的投标文件。
		招标人要求投标人提交投标保证金的，应当在第二阶段提出
投标有效期	投标有效期从提交投标文件的截止之日计算	
投标保证金	招标人应当在招标文件中要求投标人提交投标保证金，投标保证金不得超过招标项目估算价的 2%，投标保证金有效期应当与投标有效期一致	
标底及最高投标限价	① 招标人可以自行决定是否编制标底。 ② 一个招标项目只能有一个标底。标底必须保密。 ③ 招标人设有最高投标限价的，应当在招标文件中明确最高投标限价或者最高投标限价的计算方法。招标人不得规定最低投标限价	

4) 投标规定

① 投标人撤回已提交的投标文件，应当在投标截止时间前书面通知招标人。招标人已收取投标保证金的，应当自收到投标人书面撤回通知之日起 5 日内退还。

② 投标截止后投标人撤销投标文件的，招标人可以不退还投标保证金。

5）属于串通投标和弄虚作假的情形

投标人相互串通投标	属于投标人相互串通投标（多人串通）	投标人之间协商投标报价等投标文件的实质性内容
		投标人之间约定中标人
		投标人之间约定部分投标人放弃投标或者中标
		属于同一集团、协会、商会等组织成员的投标人按照该组织要求协同投标
		投标人之间为谋取中标或者排斥特定投标人而采取的其他联合行动
	视为投标人相互串通投标（一个人的安排）	不同投标人的投标文件由同一单位或者个人编制
		不同投标人委托同一单位或者个人办理投标事宜
		不同投标人的投标文件载明的项目管理成员为同一人
		不同投标人的投标文件异常一致或者投标报价呈规律性差异
		不同投标人的投标文件相互混装
		不同投标人的投标保证金从同一单位或者个人的账户转出
招标人与投标人串通投标		招标人在开标前开启投标文件并将相关信息泄露给其他投标人
		招标人直接或者间接向投标人泄露标底、评标委员会成员等信息
		招标人明示或者暗示投标人压低或者抬高投标报价
		招标人授意投标人撤换、修改投标文件
		招标人明示或者暗示投标人为特定投标人中标提供方便
		招标人与投标人为谋求特定投标人中标而采取的其他串通行为
弄虚作假		使用伪造、变造的许可证
		提供虚假的财务状况或者业绩
		提供虚假的项目负责人或者主要技术人员简历、劳动关系证明
		提供虚假的信用状况
		其他弄虚作假的行为

6）开标、评标和定标

开标	① 招标人应当按照招标文件规定的时间、地点开标。（即投标文件截止时间） ② 投标人少于3个的，不得开标；招标人应当重新招标
评标	招标人确定评标时间。超过1/3的评标委员会成员认为评标时间不够的，招标人应当适当延长评标时间
	招标项目设有标底的，招标人应当在开标时公布
	标底只能作为评标的参考，不得以投标报价是否接近标底作为中标条件，也不得以投标报价超过标底上下浮动范围作为否决投标的条件
投标否决	投标文件未经投标单位盖章和单位负责人签字
有下列情形之一的，评标委员会应当否决其投标	投标联合体没有提交共同投标协议
	投标人不符合国家或者招标文件规定的资格条件
	同一投标人提交两个以上不同的投标文件或者投标报价，但招标文件要求提交备选投标的除外
	投标报价低于成本或者高于招标文件设定的最高投标限价
	投标文件没有对招标文件的实质性要求和条件作出响应
	投标人有串通投标、弄虚作假、行贿等违法行为

建设工程造价管理基础知识复习题集

续表

投标文件澄清	① 投标文件中有含义不明确的内容、明显文字或者计算错误，评标委员会认为需要投标人作出必要澄清、说明的，应当书面通知该投标人
	② 投标人的澄清、说明应当采用书面形式，并不得超出投标文件的范围或者改变投标文件的实质性内容
中标	① 评标完成后，评标委员会应当向招标人提交书面评标报告和中标候选人名单。中标候选人应当不超过3个，并标明排序。 ② 依法必须进行招标的项目，招标人应当自收到评标报告之日起3日内公示中标候选人，公示期不得少于3日。 ③ 招标人最迟应当在书面合同签订后5日内向中标人和未中标的投标人退还投标保证金及银行同期存款利息。 ④ 履约保证金不得超过中标合同金额的10%

7) 投诉与处理

投诉	投标人或者其他利害关系人认为招标投标活动不符合法律、行政法规规定的，可以自知道或者应当知道之日起10日内向有关行政监督部门投诉
	投诉应当有明确的请求和必要的证明材料
处理	行政监督部门应当自收到投诉之日起3个工作日内决定是否受理投诉，并自受理投诉之日起30个工作日内作出书面处理决定

4. 其他相关法律法规

(1)《中华人民共和国民法典合同编》的相关规定

无效合同的价款结算	建设工程施工合同无效，但建设工程经竣工验收合格，承包人请求参照合同约定支付工程价款的，应予支持	
	建设工程施工合同无效，且建设工程经竣工验收不合格的，按照下列情形分别处理	修复后的建设工程经竣工验收合格，发包人请求承包人承担修复费用的，应予支持
		修复后的建设工程经竣工验收不合格，承包人请求支付工程价款的，不予支持
工程价款利息支付	当事人对欠付工程价款利息计付标准有约定的，按照约定处理	
	没有约定的，按照中国人民银行发布的同期同类贷款利率计算	
	无效合同	当事人对垫资和垫资利息有约定，承包人请求按照约定返还垫资及利息的，应予支持，但是约定的利息计算标准高于中国人民银行发布的同期同类贷款利率的部分除外
		当事人对垫资和垫资利息没有约定，承包人请求支付利息的，不予支持
	利息从应付工程款之日计付	
	当事人对付款时间没有约定或者约定不明的，下列时间视为应付款时间	建设工程已实际交付的，为交付之日
		建设工程没有交付的，为提交竣工结算文件之日
		建设工程未交付，工程价款也未结算的，为当事人起诉之日
工程竣工日期确定	建设工程经竣工验收合格的，以竣工验收合格之日为竣工日期	
	承包人已经提交竣工验收报告，发包人拖延验收的，以承包人提交验收报告之日为竣工日期	
	建设工程未经竣工验收，发包人擅自使用的，以转移占有建设工程之日为竣工之日	

续表

计价标准与方法确定	当事人对建设工程的计价标准或者计价方法有约定的，按照约定结算工程价款
	因设计变更导致建设工程的工程量或者质量标准发生变化，当事人对该部分工程价款不能协商一致的，可以参照签订建设工程施工合同时当地建设行政主管部门发布的计价标准或者计价方法结算工程价款
工程量确定	当时人对工程量有争议的，按照施工过程中形成的签证等书面文件确认
	承包人能够证明发包人同意其施工，但未能提供签证文件证明工程量发生的，可以按照当事人提供的其他证据确认实际发生的工程量
工程价款确定	当事人就同一建设工程另行订立的建设工程施工合同与经过备案的中标合同实质性内容不一致的，应当以备案的中标合同作为结算工程价款的根据
	当事人约定按照固定价结算工程价款，一方当事人请求对建设工程造价进行鉴定的，不予支持

(2)《中华人民共和国民法典合同编》

开工日期争议确定	开工日期为发包人或者监理人发出的开工通知载明的开工日期
	开工通知发出后，尚不具备开工条件的，以开工条件具备的时间为开工日期
	因承包人原因导致开工时间推迟的，以开工通知载明的时间为开工日期
	承包人经发包人同意已经实际进场施工的，以实际进场施工时间为开工日期
	发包人或监理人未发出开工通知，亦无相关证据证明实际开工日期的，应当综合开工报告、合同、施工许可证、竣工验收报告或者竣工验收备案表等载明的时间，并结合是否具备开工条件的事实，认定开工日期
合同约定与投标文件等不一致	当事人签订的建设工程施工合同与招标文件、投标文件、中标通知书载明的工程范围、建设工期、工程质量、工程价款不一致，一方当事人请求将招标文件、投标文件、中标通知书作为结算工程价款的依据的，人民法院应予支持
已经达成结算协议请求鉴定的处理	当事人在诉讼前已经对建设工程价款结算达成协议的，诉讼中一方当事人申请对工程造价进行鉴定的，人民法院不予准许
咨询意见的效力	当事人在诉讼前共同委托相关机构、人员对建设工程造价出具咨询意见，诉讼中一方当事人不认可该咨询意见申请鉴定的，人民法院应予准许，但双方当事人明确表示受该咨询意见约束的除外
鉴定意见的效力	鉴定人将当事人有争议且未经质证的材料作为鉴定依据的，人民法院应当组织当事人就该部分材料进行质证。经质证认为不能作为鉴定依据的，根据该材料做出的鉴定意见不得作为认定案件事实的依据

一、单项选择题（每题的备选项中，只有1个最符合题意）

1. 工程监理单位应当根据建设单位的委托，（　　）地执行监理任务。
   A. 公平、公开　　　　　　　B. 自主、公正
   C. 客观、公正　　　　　　　D. 独立、公平

2. 根据《中华人民共和国民法典合同编》的规定，撤销权应自具有撤销权的当事人知道或者应当知道撤销事由之日起（　　）年内行使。
   A. 1　　　　　　　　　　　B. 2

C. 3 　　　　　　　　　　　　D. 5

3. 下列关于合同的变更和转让的说法，错误的是（　　）。
   A. 狭义的合同变更仅指合同内容的变更，不包括合同主体的变更
   B. 我国《中华人民共和国民法典合同编》中所指的合同变更是指合同主体的变更
   C. 债务人将合同的义务全部或者部分转移给第三人的，应当经过债权人的同意
   D. 合同的转让包括权利（债权）转让、义务（债务）转移和权利义务概括转让三种情形

4. 建设工程施工招标文件，既是承包商编制投标文件的依据，也是与将来中标的承包商（　　）。
   A. 作为竣工验收的依据　　　　B. 制定施工方案的依据
   C. 制定索赔处理办法的基础　　D. 签订工程承包合同的基础

5. 关于建筑工程联合承包，下列说法错误的是（　　）。
   A. 大型建筑工程或结构复杂的建筑工程，可以由两个以上的承包单位联合共同承包
   B. 共同承包的各方对承包合同的履行承担连带责任
   C. 两个以上不同资质等级的单位实行联合共同承包的，应当按照资质等级高的单位的业务许可范围承揽工程
   D. 承包建筑工程的单位应当持有依法取得的资质证书

6. 招标人应当确定投标人编制投标文件所需合理时间。依法必须进行招标的项目，自招标文件开始时发出之日起至投标人提交投标文件截止日期止，最短不少于（　　）日。
   A. 10　　　　　　　　　　　　B. 15
   C. 20　　　　　　　　　　　　D. 25

7. 下列关于要约的说法，错误的是（　　）。
   A. 要约必须是特定人的意思表示　　B. 要约必须以缔结合同为目的
   C. 要约可以撤回但不能撤销　　　　D. 要约必须具备合同的主要条款

8. 下列关于合同成立与生效的说法，错误的是（　　）。
   A. 合同生效与合同成立是两个不同的概念
   B. 合同在成立后，立即产生法律效力
   C. 合同成立的判断依据是承诺是否生效
   D. 合同依法成立之时，就是同步的合同生效之日

9. 关于合同内容没有约定或者约定不明确问题的处理中，逾期提取标的物或者逾期付款的，遇价格上涨时，按照（　　）执行。
   A. 新价格　　　　　　　　　　B. 政府指导价
   C. 政府定价　　　　　　　　　D. 原价格

10. 联合共同承包的各方对承包合同的履行承担（　　）责任。
    A. 各自　　　　　　　　　　　B. 独自
    C. 共同　　　　　　　　　　　D. 连带

11. 在法律上，工程施工合同的订立应采取要约和（　　）两个方式。
    A. 履约　　　　　　　　　　　B. 承诺
    C. 违约　　　　　　　　　　　D. 要约邀请

12. 建设单位因故不能开工的，应当向发证机关申请延期，延期以两次为限，每次不超过（　　）个月。
    A. 1　　　　　　　　　　　　B. 2
    C. 3　　　　　　　　　　　　D. 4

13. 根据《建筑法》的规定，建设单位应当自领取施工许可证之日起（　　）个月内开工。
    A. 1　　　　　　　　　　　　B. 2
    C. 3　　　　　　　　　　　　D. 6

14. 下列不属于仲裁活动的基本原则（　　）。
    A. 自愿原则
    B. 尊重事实、依据法律的公平合理原则
    C. 依法独立进行原则
    D. 一裁终局原则

15. 根据《中华人民共和国民法典合同编》的规定，合同是平等主体的自然人、法人、其他组织之间设立、变更、终止（　　）关系的协议。
    A. 劳动　　　　　　　　　　　B. 行政
    C. 民事权利义务　　　　　　　D. 承包经营

16. 投标人少于（　　）个的，招标人应当依法重新招标。
    A. 5　　　　　　　　　　　　B. 4
    C. 3　　　　　　　　　　　　D. 2

17. 根据《招标投标法》的规定，自中标通知书发出之日起（　　）日内签订书面合同。
    A. 15　　　　　　　　　　　　B. 28
    C. 30　　　　　　　　　　　　D. 48

18. 关于招标投标的投诉和处理，如果投标人或者其他利害关系人认为招投标活动不符合法律、行政法规规定，可以自知道或者应当之日起（　　）日内向有关行政监督部门投诉，投诉应当有明确的请求和必要的证明材料。
    A. 3　　　　　　　　　　　　B. 5
    C. 8　　　　　　　　　　　　D. 10

19. 下列文件中，属于要约邀请文件的是（　　）。
    A. 招标文件　　　　　　　　　B. 投标书
    C. 中标通知书　　　　　　　　D. 补充合同

20. 根据《招标投标法》的规定，业主进行邀请招标时应当向（　　）家以上具备承担招标项目的能力、资信良好的特定法人或其他组织发出投标邀请书。
    A. 2　　　　　　　　　　　　B. 3
    C. 4　　　　　　　　　　　　D. 5

21. 根据《招标投标法》规定，在我国境内可以不进行招标的项目是（　　）。
    A. 公用事业的项目　　　　　　B. 国家融资的项目
    C. 使用国家资金的项目　　　　D. 使用专有技术的项目

22. 某工程建设项目设计招标中，设计单位甲投标报价为2000万元，则其投标保金最高应为( )万元。
A. 4　　　　　　　　　　　B. 10
C. 20　　　　　　　　　　　D. 40

23. 根据《中华人民共和国民法典合同编》的规定，与无权代理人签订合同的相对人可以催告被代理人在( )个月内予以追认。
A. 1　　　　　　　　　　　B. 2
C. 3　　　　　　　　　　　D. 6

24. 当事人订立合同，必须经过的程序是( )。
A. 担保和承诺　　　　　　　B. 要约和担保
C. 要约和承诺　　　　　　　D. 承诺和公正

25. 根据《最高人民法院关于审理建设工程施工合同纠纷案件适用法律问题的解释（一）》，下列不予支持的诉讼请求是( )。
A. 垫资工程款利息没有约定的情况下，承包人请求支付利息
B. 施工合同无效，但工程竣工验收合格，承包人请求按合同约定支付工程价款
C. 施工合同无效，已完工程质量合格，承包人请求按合同约定支付工程价款
D. 施工合同无效，已完工程质量不合格但修复后工程验收合格，发包人请求承包人承担修复费用

26. 由同一专业的单位组成的联合体投标时，按照( )的单位确定资质等级。
A. 资质等级较低的　　　　　B. 资质等级较高的
C. 平均资质等级　　　　　　D. 高低都成

27. 甲乙两公司为减少应纳税款，以低于实际成交的价格签订合同，根据《中华人民共和国民法典合同编》的规定，该合同为( )合同。
A. 无效　　　　　　　　　　B. 可变更可撤销
C. 有效　　　　　　　　　　D. 效力待定

28. 在建筑安全生产管理中，建筑施工企业在编制施工组织设计时，应当根据建筑工程的特点制定相应的( )。
A. 专项安全技术措施　　　　B. 安全管理措施
C. 安全技术措施　　　　　　D. 技术措施

29. 关于勘察、设计单位工程承揽描述错误的是( )。
A. 从事建设工程勘察、设计的单位应当依法取得相应等级的资质证书
B. 勘察、设计单位在其资质等级许可的范围内承揽工程
C. 禁止勘察、设计单位超越其资质等级许可的范围承揽工程
D. 勘察、设计单位不得转包或者分包所承揽的工程

30. 分包单位向( )负责，服从( )对施工现场的安全生产管理。
A. 总承包单位，总承包单位　　B. 总承包单位，建设单位
C. 建设单位，总承包单位　　　D. 建设单位，建设单位

31. 根据《建筑法》的规定，关于联合承包的说法不正确的是( )。
A. 按承包各方投入比例承担相应责任
B. 大型建筑工程或结构复杂的建筑工程，可以由两个以上的承包单位联合共同承包

C. 共同承包的各方对承包合同的履行承担连带责任
D. 按照资质等级低的单位的业务许可范围承揽工程

32. 下列关于建筑企业保险费用的描述正确的是（   ）。
   A. 鼓励为职工参加工伤保险缴纳工伤保险费
   B. 鼓励企业为从事危险作业的职工办理意外伤害保险，支付保险费
   C. 企业必须为从事危险作业的职工办理意外伤害保险
   D. 由建设单位承担意外伤害保险的保险费用

33. 根据《建筑法》的规定，建筑工程由多个承包单位联合共同承包的，下列关于承包合同履行责任的说法，正确的是（   ）。
   A. 由牵头承包方承担主要责任
   B. 由资质等级高的承包方承担主要责任
   C. 由承包各方承担连带责任
   D. 按承包各方投入比例承担相应责任

34. 建设工程施工许可证应当由（   ）申请领取。
   A. 施工单位   B. 设计单位
   C. 监理单位   D. 建设单位

35. 根据《中华人民共和国民法典合同编》的规定，双方当事人在合同中既约定违约金，又约定定金的，当一方违约时，对方（   ）。
   A. 只能适用违约金条款
   B. 可以选择适用违约金或者定金条款
   C. 只能适用定金条款
   D. 可同时适用违约金和定金条款

36. 根据《中华人民共和国民法典合同编》的规定，当事人以自己的行为放弃撤销权的，（   ）。
   A. 撤销权仍然存在
   B. 撤销权消灭
   C. 撤销权存在与否取决于当事人的意志
   D. 撤销权存在与否应由人民法院裁定

37. 根据《中华人民共和国民法典合同编》的规定，执行政府定价或政府指导价的，在合同约定的交付期限内政府价格调整时，按照（   ）计价。
   A. 合同签约时的价格
   B. 合同签约后一个月的政府指导价
   C. 交付时的价格
   D. 合同签约后一个月的政府定价

38. 根据《中华人民共和国民法典合同编》的规定，在执行政府定价的合同履行中，需要按新价格执行的情形是（   ）。
   A. 逾期付款的，遇价格上涨时
   B. 逾期付款的，遇价格下降时
   C. 逾期提取标的物的，遇价格下降时

D. 逾期交付标的物的,遇价格上涨时

39. 判断合同是否成立的依据是(   )。
    A. 合同是否生效   B. 合同是否产生法律约束力
    C. 要约是否生效   D. 承诺是否有效

40. 下列关于建设工程合同的表述中,错误的是(   )。
    A. 建设工程合同可以采用书面形式或口头形式
    B. 订立建设工程合同时,要约人是招标人
    C. 建设工程合同的订立,要经过要约和承诺两个阶段
    D. 建设工程合同是一种诺成合同,也是一种双务合同

41. 合同当事人之间出现合同纠纷,要求仲裁机构仲裁,仲裁机构受理仲裁前提是当事人提交(   )。
    A. 合同公证书   B. 仲裁协议书
    C. 履约保函   D. 合同担保书

42. 根据《中华人民共和国民法典合同编》的规定,属于可变更、可撤销合同的是(   )的合同。
    A. 以欺诈、胁迫的手段订立损害国家利益
    B. 以合法形式掩盖非法目的
    C. 因重大误解订立或订立时显失公平
    D. 恶意串通,损害国家、集体或第三人利益

43. 根据《建筑法》的规定,获取施工许可证后因故不能按期开工的,建设单位应当申请延期,延期的规定是(   )。
    A. 以两次为限,每次不超过 2 个月   B. 以三次为限,每次不超过 2 个月
    C. 以两次为限,每次不超过 3 个月   D. 以三次为限,每次不超过 3 个月

44. 根据《建筑法》的规定,下列表述正确的是(   )。
    A. 经建设单位许可,分包单位可将其承包的工程再分包
    B. 两个以上不同资质等级的单位联合承包工程的,可以按资质高的单位考虑
    C. 施工现场的安全由建筑施工企业和工程监理单位共同负责
    D. 建筑施工企业应当依法为职工参加工伤保险缴纳工伤保险费

45. 根据《中华人民共和国民法典合同编》的规定,债权人自撤销事由发生之日起(   )年内没有行使撤销权的,该撤销权消灭。
    A. 1   B. 2
    C. 3   D. 5

46. 订立合同的当事人依照有关法律对合同内容进行协商并达成一致意见时的合同状态称为(   )。
    A. 合同订立   B. 合同成立
    C. 合同生效   D. 合同有效

47. 根据《中华人民共和国民法典合同编》的规定,合同生效后,当事人就价款约定不明确又未能补充协议的,合同价款应按(   )执行。
    A. 订立合同时履行地市场价格

B. 订立合同时付款方所在地市场价格
C. 标的物交付时市场价格
D. 标的物交付时政府指导价

48. 合同的订立需要经过要约和承诺两个阶段，按照《中华人民共和国民法典合同编》的规定，要约和承诺的生效是指（　　）。
    A. 要约通知发出；承诺通知发出
    B. 要约到达受要约人；承诺通知发出
    C. 要约通知发出；承诺通知到达要约人
    D. 要约到达受要约人；承诺通知到达要约人

49. 根据《中华人民共和国民法典合同编》的规定，执行政府定价或政府指导价的，在合同履行过程中（　　）。
    A. 在合同约定的期限内政府价格调整时，按订立合同时的价格计价
    B. 逾期交付标的物的，遇价格上涨时，按照原价执行
    C. 逾期提取标的物的，遇价格上涨时，按照原价执行
    D. 逾期提取标的物的，遇价格下降时，按新价执行

50. 下列关于要约和承诺的说明，正确的是（　　）。
    A. 合同的成立，需要经过要约邀请、要约、承诺三个阶段
    B. 要约到达受要约人时生效，承诺通过发出生效
    C. 要约人确定了承诺期限的，要约不得撤销
    D. 撤销要约的通知必须在要约达到受要约人之前达到要约人，要约才能撤回

51. 根据《中华人民共和国民法典合同编》的规定，合同价款或者报酬约定不明确，且通过补充协议等方式仍不能确定的，应按照（　　）的市场价格履行。
    A. 接受货币方所在地　　　　　B. 合同订立地
    C. 给付货币方所在地　　　　　D. 订立合同时履行地

52. 下列关于要约和要约邀请的说明，正确的是（　　）。
    A. 要约不能撤销，只能撤回
    B. 商业广告不能视为要约
    C. 要约邀请是订立合同的一个必经过程
    D. 要约到达受要约人时生效

53. 根据《中华人民共和国民法典合同编》的规定，下列各类合同中，不属于无效合同的是（　　）。
    A. 以合同形式掩盖非法目的的合同
    B. 因重大误解订立的合同
    C. 损害社会公共利益的合同
    D. 恶意串通损害集体利益的合同

54. ★[2020年重庆] 某项目在2020年8月10日领取了施工许可证，根据《建筑法》规定，该项目应该在（　　）前开工。
    A. 2020年9月10日　　　　　B. 2020年10月10日
    C. 2020年11月10日　　　　　D. 2020年12月10日

55. ★［2020年重庆］下列各项中，不属于二级造价工程师执业范围的是（   ）
   A. 工程造价纠纷调解
   B. 施工图预算、设计概算编制
   C. 建设工程量清单最高投标限价编制
   D. 投标报价编制

56. ★［2020年浙江］《建设工程质量管理条例》对建设单位、施工单位、工程监理单位的质量责任和义务，以及工程质量保修期限的规定，下列说法正确的是（   ）。
   A. 建设单位应当将工程发包给具有相应技术实力和管理水平的单位
   B. 施工单位按照工程设计图纸和施工技术标准施工时发现设计文件和图纸有差错，可以直接修改工程设计图纸
   C. 工程监理单位应当依照法律、法规以及有关技术标准和建设工程承包合同，代表设计单位对施工质量实施监理
   D. 在正常使用条件下，建设工程最低保修期限为：基础设施工程的保修期为设计文件规定的该工程合理使用年限，屋面防水工程为5年，供热系统为2个采暖期，给排水管道为2年

二、多项选择题（每题的备选项中，有2个或2个以上符合题意，至少有1个错项）

1. 下列合同中，属于可撤销合同的有（   ）。
   A. 建设单位因对工程内容存在重大误解而订立的合同
   B. 施工企业采取欺诈手段订立的损害国家利益的合同
   C. 总承包单位将施工图深化设计风险转移给分包单位的合同
   D. 建设单位为偷税而订立的施工合同
   E. 村民胁迫施工企业订立的供货合同

2. 根据《招标投标法实施条例》的规定，视为投标人相互串通投标的情形有（   ）。
   A. 投标人之间协商投标报价
   B. 不同投标人委托同一单位办理投标事宜
   C. 不同投标人的投标保证金从同一单位的账户转出
   D. 不同投标人的投标文件载明的项目管理成员为同一人
   E. 投标人之间约定中标人

3. 根据《价格法》的规定，经营者有权制定的价格有（   ）。
   A. 资源稀缺的少数商品价格
   B. 自然垄断经营的商品价格
   C. 属于市场调节的价格
   D. 属于政府定价产品范围的新产品试销价格
   E. 公益性服务价格

4. 下列关于合同履行的一般规定的说法，正确的是（   ）。
   A. 合同双方关于履行地点约定不明确的，给付货币的，应在接受货币一方所在地履行
   B. 合同双方关于价款或者报酬约定不明确的，应按照订立合同时履行地的市场价

格履行

C. 合同双方就履行期限约定不明确的，债权人可随时要求债务人履行，但应当给对方必要的准备时间

D. 合同双方就履行方式约定不明确的，应按照有利于履行义务一方的方式履行

E. 合同双方就质量约定不明确的，应按照合同中的出错方履行相关业务

5. 下列情形中，不属于投标人串通投标的是（   ）。

A. 投标人 A 与 B 的项目经理为同一人

B. 投标人 C 与 D 的投标文件相互错装

C. 投标人 E 和 F 在同一时刻提前递交投标文件

D. 投标人 G 与 H 作为暗标的技术标由同一人编制

E. 投标人 I 与 J 以同一投标人身份投标

6. 根据《招标投标法》的规定，下列关于招标投标的说法，正确的是（   ）。

A. 招标分为公开招标、邀请招标和议标三种方式

B. 邀请招标时，招标人应当邀请 3 个以上具备相应资质的法人或其他组织采用邀请招标

C. 涉及国家安全、国家秘密的工程可以邀请招标

D. 招标代理机构可以在所代理的招标项目参与中投标

E. 招标人采用公开招标方式的，应当发布招标公告

7. 关于合同履行过程中的附属义务，说法错误的是（   ）。

A. 需要当事人提供必要的条件和说明的，当事人应当根据对方的需要提供必要的条件和说明

B. 需要当事人一方予以协助的，当事人一方应无条件地为对方提供所需要的协助

C. 需要当事人保密的，当事人应当保守其在订立和履行合同过程中所知悉的对方当事人的商业秘密、技术秘密等

D. 合同到期后，发现对方仍有义务没有履行，当事人仍可以要求对方履行

E. 有些情况需要及时通知对方的，当事人一方应及时通知对方

8. 关于投标保证金，下列说法正确的是（   ）。

A. 投标保证金的数额不得少于投标总价的 2%

B. 招标人应当在签订合同后的 30 日内退还未中标人的投标保证金

C. 投标人不得规定最低投标限价

D. 投标人拒绝延长投标有效期的，投标人无权收回其投标保证金

E. 投标保证金的有效期应与投标有效期相同

9. 下列工程建设项目中，除（   ）以外均属于依法必须招标的项目。

A. 使用大型设施的安全项目

B. 使用国家预算资金 200 万以上且该资金占投资额 10% 以上的项目

C. 使用国有企事业单位资金且该资金占控股或主导地位的项目

D. 使用国际组织或外国政府贷款的项目

E. 关于社会公共利益和安全的项目

10. 依法应当招标的项目，在下列情形中，可以不进行施工招标的情形是（   ）。

A. 需要采用不可替代的专利或者专有技术
B. 技术复杂、有特殊要求的
C. 已通过招标方式选定的特许经营项目投资人依法能够自行建设、生产或者提供的
D. 采购人自行建设、生产或者提供更为节省成本的
E. 需要向原中标人采购工程、货物或者服务，否则所需费用大量增加的

11. 根据《中华人民共和国民法典合同编》的规定，不属于可变更、可撤销的合同的是(　　)。
A. 以欺诈、胁迫的手段订立损害国家利益
B. 以合法形式掩盖非法目的
C. 因重大误解订立或订立时显失公平
D. 恶意串通，损害国家、集体或第三人利益
E. 损害社会公共利益

12. 根据《中华人民共和国民法典合同编》的规定，下列关于承诺的说法错误的是(　　)。
A. 承诺期限自要约发出时开始计算
B. 承诺通知一经发出不得撤回
C. 承诺可对要约的内容做出实质改变
D. 受要约人超过承诺期限发出承诺的，为新要约
E. 承诺的内容应当与要约的内容一致

13. 下列情形中，属于投标人相互串通投标的是(　　)。
A. 不同投标人的投标报价呈现规律性差异
B. 不同投标人的投标文件由同一单位或个人编制
C. 投标人之间协商投标报价等投标文件的实质性内容
D. 不同投标人委托了同一单位或个人办理某项投标事宜
E. 投标人之间约定中标人

14. 下列选项中，可以不进行招标的是(　　)。
A. 使用国际组织或者外国政府贷款、援助资金的项目
B. 大型基础设施、公用事业等社会公共利益、公共安全的项目
C. 采购人依法能够自行建设、生产或者提供
D. 全部或者部分使用国家资金投资或者国家融资的项目
E. 建设项目的勘察、设计，采用特定专利或者专有技术的项目

15. 根据《建设工程质量管理条例》的规定，建设工程竣工验收应当具备的条件包括(　　)。
A. 完成建设工程设计和合同约定的各项内容
B. 有完整的施工备案资料，并在建设主管部门备案
C. 有工程使用的主要建筑材料、建筑构配件和设备的进场试验报告
D. 有勘察、设计、施工、工程监理等单位分别签署的质量合格文件
E. 有施工单位签署的工程保修书

16. 根据《建筑法》的规定，下列行为中属于禁止性行为的有(　　)。

A. 施工企业允许其他单位使用本企业的营业执照，以本企业的名义承揽工程
B. 建筑施工企业联合高资质等级的企业承揽超出本企业资质等级许可范围的工程
C. 两个以上的建筑施工企业联合承包大型或结构复杂的建筑工程
D. 总承包单位经建设单位同意后将其承包工程中的部分工程发包给有相应资质条件的分包单位
E. 分包单位将承包的工程根据工程实际再分包给具有相应资质条件的分包单位

17. 根据《建筑法》的规定，建筑工程安全生产管理应建立健全(　　)制度。
    A. 责任   B. 追溯
    C. 保证   D. 群防群治
    E. 监督

18. 《建筑法》规定的建筑许可内容有(　　)。
    A. 建筑工程施工许可   B. 建筑工程监理许可
    C. 建筑工程规划许可   D. 从业资格许可
    E. 建设投资规模许可

19. 关于合同形式的说法，正确的是(　　)。
    A. 建设工程合同应当采用书面形式
    B. 电子数据交换不能直接作为书面合同
    C. 合同有书面和口头两种形式
    D. 电话不是合同的书面形式
    E. 书面形式限制了当事人对合同内容的协商

20. 在建设工程项目的招投标活动中，某投标人以低于成本的报价竞标，则(　　)。
    A. 该行为目的是为了排挤其他对手，应当禁止
    B. 没有违背诚实信用原则，不应禁止
    C. 是降低了工程造价，应当提倡
    D. 该投标文件应作废标处理
    E. 其做法符合低价中标原则，不应禁止

21. 根据《招标投标法实施条例》的规定，投标人的投标有下列情形之一的，评标委员会应当否决其投标(　　)。
    A. 投标文件未经投标单位盖章和单位负责人签字
    B. 投标联合体没有提交共同投标协议
    C. 投标报价低于成本
    D. 投标文件没有对招标文件的实质性要求和条件作出响应
    E. 投标报价显著超过标底

22. 根据《招标投标实施条例》的规定，关于投标保证金的说法，正确的有(　　)。
    A. 投标保证金有效期应当与投标有效期一致
    B. 投标保证金不得超过招标项目估算价的2%
    C. 采用两阶段招标的，投标应在第一阶段提交投标保证金
    D. 招标人不得挪用投标保证金，招标人最迟应在签订书面合同时退还投标保证金
    E. 招标人最迟应在签订书面合同的同时退还投标保证金

23. 根据《建筑法》规定，申请领取建筑工程施工许可证具备的条件包括（　　）。
    A. 已经办理用地批准手续　　　　　　B. 有满足施工要求的施工图纸
    C. 拆迁完毕　　　　　　　　　　　　D. 有满足施工需要的资金安排
    E. 已确定建筑施工企业

24. 根据《建筑法》的规定，申请领取施工许可证应当具备的条件有（　　）。
    A. 建设资金已全部到位
    B. 已提交建筑工程用地申请
    C. 已经确定建筑施工单位
    D. 有保证工程质量和安全的具体措施
    E. 已完成施工图技术交底和图纸会审

25. 根据《中华人民共和国民法典合同编》的规定，属于效力待定合同的有（　　）。
    A. 因重大误解订立的合同　　　　　　B. 恶意串通损害第三人利益的合同
    C. 在订立合同时显失公平的合同　　　D. 超越代理权限范围订立的合同
    E. 限制民事行能力人订立的合同

26. 下列情况中（　　）的合同是可变更或可撤销的合同。
    A. 以欺诈、胁迫的手段订立，损害国家利益
    B. 因重大误解而订立
    C. 在订立合同时显失公平
    D. 以欺诈、胁迫等手段，使对方在违背真实意思的情况下订立
    E. 违反法律、行政法规的强制性规定

27. 根据《中华人民共和国民法典合同编》的规定，效力待定合同包括（　　）的合同。
    A. 损害集体利益　　　　　　　　　　B. 无代理权人以他人名义订立
    C. 一方以胁迫手段订立　　　　　　　D. 无处分权的人处分他人财产
    E. 损害社会公共利益

28. 合同的订立，必须要经过要约和承诺两个阶段，下列说法正确的是（　　）。
    A. 要约达到受要约人时生效，承诺通知发出时生效
    B. 要约可以不具备合同的主要条款
    C. 承诺可以撤销
    D. 承诺可以撤回
    E. 要约可以撤回，也可以撤销

29. 《招标投标法》规定了必须进行招标的工程建设项目，这些项目包括（　　）。
    A. 大型基础设施、公用事业等关系公共利益、公众安全的项目
    B. 全部或者部分使用国有资金投资或国家融资的项目
    C. 施工主要技术采用特定的专利或专有技术的
    D. 使用国际组织或者外国政府贷款、援助资金的项目
    E. 施工企业自建自用的工程，且该施工企业资质等级符合工程要求的

30. 根据《招标投标法实施条例》的规定，属于以不合理条件限制、排斥潜在投标人或投标人的情形有（　　）。
    A. 就同一招标项目向投标人提供相同的项目信息

B. 设定的技术和商务条件与合同履行无关
C. 以特定行业的业绩作为加分条件
D. 对投标人采用无差别的资格审查标准
E. 对招标项目指定特定的品牌和原产地

答案与解析

一、单项选择题

1. C；   2. A；   3. B；   4. D；   5. C；   6. C；   7. C；   8. B   9. A；   10. D；
11. B； 12. C； 13. C； 14. D； 15. C； 16. C； 17. C； 18. D； 19. A； 20. B；
21. D； 22. D； 23. A； 24. C； 25. A； 26. A； 27. A； 28. C； 29. D； 30. A；
31. A； 32. B； 33. C； 34. D； 35. B； 36. B； 37. C； 38. A； 39. D； 40. A；
41. B； 42. C； 43. C； 44. D； 45. A； 46. B； 47. A； 48. D； 49. B； 50. C；
51. D； 52. D； 53. B； 54. C； 55. A； 56. D。

二、多项选择题

1. AE；   2. BCD；   3. CD；   4. ABCE；   5. CE；   6. BEA；   7. BD；
8. CE；   9. AE；   10. AC；   11. ABDE； 12. ABCD； 13. CE；   14. CE；
15. ACDE； 16. BE；   17. AD   18. AD；   19. AD；   20. AD；   21. ABCD；
22. ABD；   23. ABDE； 24. CD；   25. DE；   26. BCD；   27. BD；   28. DE；
29. ABD；   30. BCE。

单选题解析

多选题解析

第 2 节　工程造价管理制度

复习要点

1. 造价工程师职业资格制度

（1）一级造价工程师执业范围

① 项目建议书、可行性研究投资估算与审核，项目评价造价分析。

② 建设工程设计概算、施工预算编制和审核。

③ 建设工程招标投标文件工程量和造价的编制与审核。

④ 建设工程合同价款、结算价款、竣工决算价款的编制与管理。

⑤ 建设工程审计、仲裁、诉讼、保险中的造价鉴定，工程造价纠纷调解。

⑥ 建设工程计价依据、造价指标的编制与管理。

⑦ 与工程造价管理相关的其他事项。

（2）二级造价工程师执业范围

① 建设工程工料分析、计划、组织与成本管理，施工图预算、设计概算编制。

② 建设工程量清单、最高投标限价、投标报价编制。

③ 建设工程合同价款、结算价款和竣工决算价款的编制。

2. 工程造价咨询企业管理

业务许可限额与范围

（1）业务范围

① 建设项目建议书及可行性研究投资估算、项目经济评价报告的编制和审核。

② 建设项目概预算的编制与审核，并配合设计方案比选、优化设计、限额设计等工作进行工程造价分析与控制。

③ 建设合同价款的确定（包括招标工程工程量清单和标底，投标限价的编制和审核）；合同价款的签订与调整（包括工程变更、工程洽商和索赔费用计算）与工程款支付，工程结算及竣工（决）结算和决算报告的编制与审核等。

④ 工程造价经济纠纷的鉴定和仲裁咨询。

⑤ 提供工程造价信息服务等。

⑥ 工程造价咨询企业可以对建设项目的组织实施进行全过程或者若干阶段的管理和服务。

（2）合同与成果管理

工程造价成果文件应当由工程造价咨询企业加盖有企业名称、资质等级及证书编号的执业印章，并由执行咨询业务的注册造价工程师签字、加盖执业印章。

（3）分支机构管理与跨区域业务备案管理

① 设立分支机构的应自领取分支机构营业执照之日起 30 日内到分支机构工商注册所在地省、自治区、直辖市人民政府建设主管部门备案。

② 分支机构从事工程造价咨询业务的，应由设立该分支机构的工程造价咨询企业负责承接工程造价咨询业务。

③ 分支机构不得以自己的名义承接工程造价咨询业务、订立工程造价咨询合同、出具工程造价成果文件。

④ 承担业务之日起 30 日内向工程所在地省、自治区、直辖市人民政府建设主管部门备案。

一、单项选择题（每题的备选项中，只有1个最符合题意）

1. 根据《注册造价工程师管理办法》的规定，注册造价工程师注册有效期满需继续执业的，其中延续注册，延续注册的有效期为（　　）年。

   A. 2　　　　　　　　　　　　B. 3
   C. 4　　　　　　　　　　　　D. 5

2. 根据《注册造价工程师管理办法》的规定，注册造价工程师注册有效期满需继续执业的，应在注册有效期满（　　）日前，按照规定的程序申请延期注册。

   A. 5　　　　　　　　　　　　B. 10

C. 20
D. 30

3. 根据《注册造价工程师管理办法》的规定，注册造价工程师职业刚满1年时变更注册单位，则该注册造价工程师在新单位的注册有效期为（　　）年。

A. 1 B. 2
C. 3 D. 4

4. 根据《注册造价工程师管理办法》的规定，造价工程师初始注册的有效期为（　　）年。

A. 2 B. 3
C. 4 D. 5

5. 根据《注册造价工程师管理办法》的规定，注册造价工程师应在其执业活动中在其负责工程造价成果文件上（　　）。

A. 加盖人名章和执业印章 B. 签字并加盖单位公章
C. 加盖执业印章和单位公章 D. 签字并加盖执业印章

6. 根据《注册造价工程师管理办法》的规定，取得造价工程师职业资格证书的人员逾期未申请初始注册的，须（　　）后方可申请初始注册。

A. 通过注册机关的考核
B. 重新参加职业资格考试并合格
C. 由聘用单位出具证明
D. 符合继续教育的要求

7. 下列不属于工程造价咨询业务范围的是（　　）。

A. 项目经济评价报告的审核 B. 项目竣工结算报告的审核
C. 项目概算的编制 D. 项目优化设计方案的比选

8. 根据《工程造价咨询企业管理办法》的规定，工程造价咨询企业设立分支机构的（　　）。

A. 企业分支机构应备案不少于2名注册造价工程师的注册证书复印件
B. 分支机构以自己的名义承接工程造价咨询业务
C. 分支机构以自己的名义负责承接工程造价咨询业务
D. 应当自领取营业执照之日起30日内备案

9. 根据《工程造价咨询企业管理办法》的规定，工程造价咨询企业跨省、自治区、直辖市承接工程造价咨询业务的，应当自承接业务之日起（　　）日内到建设工程所在地人民政府建设主管部门备案。

A. 15 B. 20
C. 30 D. 60

10. 根据《工程造价咨询企业管理办法》的规定，工程造价咨询企业出具的工程造价成果文件除由执行咨询业务的注册造价工程师签字、加盖个人执业印章外，还应当加盖（　　）。

A. 工程造价咨询企业的执业印章
B. 工程造价咨询企业法定代表人的执业印章
C. 工程造价咨询企业技术负责人的执业印章

D. 工程造价咨询企业项目负责人的执业印章

二、多项选择题（每题的备选项中，有2个或2个以上符合题意，至少有1个错项）

1. 造价工程师应具有良好的职业道德，遵守（　　）的原则，以高质量的服务和优秀的业绩，赢得社会和客户对造价工程师职业的尊重。

  A. 诚信   B. 公正

  C. 敬业   D. 精业

  E. 进取

2. 分支机构从事工程造价咨询业务，应当由设立该分支机构的工程造价咨询企业负责（　　），而不是分支机构。

  A. 组建工程造价咨询项目管理机构

  B. 委托工程造价咨询项目负责人

  C. 出具工程造价成果文件

  D. 订立工程造价咨询合同

  E. 承接工程造价咨询业务

答案与解析

一、单项选择题

1. C；2. D；3. C；4. C；5. D；6. D；7. D；8. D；9. C；10. A。

二、多项选择题

1. ABDE；　2. CDE。

单选题解析

多选题解析

第 2 章 工程项目管理

第 1 节 工程项目管理概述

复习要点

1. 工程项目组成和分类
（1）工程项目的组成

工程项目的组成	单项工程	生产性工程项目的单项工程，一般是指能独立生产的车间，包括厂房建筑、设备安装等工程
	单位（子单位）工程	具备独立施工条件并能形成独立使用功能的工程。 按照单项工程的构成，可将其分解为建筑工程和设备安装工程。如工业厂房工程中的土建工程、设备安装工程、工业管道工程等分别是单项工程中所包含的不同性质的单位工程
	分部（子分部）工程	应按专业性质、建筑部位等划分。建筑工程的分部工程包括：地基与基础、主体结构、装饰装修、屋面、给水排水及采暖、建筑电气、智能建筑、通风与空调、电梯、建筑节能工程。 当分部工程较大或较复杂时，可按材料种类、工艺特点、施工程序、专业系统及类别，将其划分为若干子分部工程
	分项工程	按主要工种、材料、施工工艺、设备类别等划分。并且可以采用合适的计量单位进行计算，是工程项目施工生产活动和质量形成的基础。例如：土方回填、钢筋、模板、混凝土、砖砌体、木门窗制作与安装、钢结构基础等工程

（2）工程项目的分类

按建设性质划分		分为新建项目、改建项目、扩建项目、迁建项目和恢复项目
按投资作用划分		分为生产性工程项目和非生产性工程项目
按建设规模划分		分为大型、中型、小型项目
按投资效益和市场需求划分		分为竞争性项目、基础性项目和公益性项目三种
按项目的投资来源划分	政府投资项目	分为经营性政府投资项目和非经营性政府投资项目
		经营性政府投资项目应实行项目法人责任制
		非经营性政府投资可施行"代建制"，由代建单位行驶建设单位职责，使项目的"投资、建设、监管、使用"实现四分离
	非政府投资项目	非政府投资项目一般均实行项目法人责任制

· 25 ·

2. 工程建设程序

（1）投资决策阶段

编制项目建议书	项目建议书的主要作用是推荐一个拟建项目，对项目建设的必要性、功能定位和主要建设内容、拟建地点、拟建规模、投资估算、资金筹措、社会效益和经济效益进行初步分析
项目建议书的审理和审批	项目审批部门在批准项目建议书之后，应当按照有规定进行公示。公示期间征集到的主要意见和建议，作为编制和审批项目可行性研究报告的重要参考
编报项目可行性研究报告	一般是在初步可行性研究或规划的基础上进行，是对工程项目在技术上是否可行和经济上是否合理进行科学的分析和论证，是项目决策的重要依据。凡可行性研究未通过的项目，不得进行下一步工作

（2）建设实施阶段

1）工程设计

一般划分为两个阶段，即初步设计和施工图设计。重大项目和技术复杂项目，可根据需要增加技术设计阶段。

① 初步设计。如果初步设计提出的总概算超过可行性研究报告总投资的10%以上或其他主要指标需要变更时，应说明原因和计算依据，并重新向原审批单位报批可行性研究报告。

② 技术设计。

③ 施工图设计。

2）施工图设计文件审查

① 是否符合强制性标准。

② 地基基础和主体结构的安全性。

③ 是否符合民用建筑节能强制性标准，对执行绿色建筑标准的项目，还应审查是否符合绿色建筑标准。

④ 勘察设计企业和注册执业人员是否按规定在施工图上加盖相应的图章和签字。

⑤ 法律、法规、规章规定必须审查的其他内容。

凡有关上述审查内容的，建设单位应当将修改后的施工图送原审查机构审查。

3）建设准备

工程项目在开工建设前要切实做好各项准备工作，其主要内容包括：

① 征地、拆迁和场地平整。

② 完成施工用水、电、通信、道路等接通工作。

③ 组织招标选择工程监理单位、施工单位及设备、材料供应商。

④ 准备必要的施工图纸。

⑤ 办理工程质量监督和施工许可手续。

4）施工安装

① 项目新开工时间，是指设计文件中规定的任何一项永久性工程第一次正式破土开槽开始施工的日期。不需开槽的工程，正式开始打桩的日期就是开工日期。需要进行大量土、石方工程的，以开始进行土方、石方工程的日期作为正式开工日期。

② 工程地质勘察、平整场地、旧建筑物的拆除、临时建筑、施工用临时道路和水、

电等工程开始施工的日期不能算作正式开工日期。

③ 分期建设的项目分别按各期工程开工的日期计算，如二期工程应根据工程设计文件规定的永久性工程开工的日期计算。

5）生产准备

① 招收和培训生产人员。

② 组织准备。

③ 技术准备。

④ 物资准备。

(3) 交付使用阶段

1）竣工验收

竣工验收的准备工作包括：整理技术资料；绘制竣工图；编制竣工决算。

根据国家规定，规模较大、较复杂的工程建设项目应先进行初验，然后进行正式验收。规模较小、较简单的工程项目，可以一次进行全部项目的竣工验收。

2）项目后评价

效益后评价	经济效益后评价	环境效益和社会效益后评价	项目可持续性后评价	项目综合效益后评价
过程后评价	过程后评价是指对工程项目的立项决策、设计施工、竣工投产、生产运营等全过程进行系统分析，找出项目后评价与原预期效益之间的差异及其产生的原因，使后评价结论有根有据，同时针对问题提出解决办法			

3. 工程项目管理目标和内容

（1）项目管理知识体系

项目管理知识体系包括 10 个知识领域，即整合管理、范围管理、进度管理、质量管理、资源管理、沟通管理、费用管理、风险管理、采购管理和利益相关者管理。

（2）工程管理目标

工程项目管理的核心是控制项目基本目标（质量、造价、进度），最终实现项目功能，以满足项目使用者及利益相关者需求。

工程项目质量、造价和进度三大目标是一个相互关联的整体，三大目标之间存在着对立统一的关系，需要统筹兼顾，合理确定三大目标，防止发生盲目追求单一目标而冲击或干扰其他目标的现象。

在传统三大目标的基础上，在现代工程项目管理中同时强调环境目标、职业健康和安全等目标。

（3）工程项目管理的类型和任务

1）工程项目管理的类型

① 业主方项目管理	② 工程总承包方项目管理	
③ 设计方项目管理	④ 施工方项目管理	⑤ 供货方项目管理

2）工程项目管理的任务

①合同管理。②组织协调。③目标控制。④风险管理。⑤信息管理。⑥环境保护。

做到"三同时",即主体工程与环保措施工程同时设计、同时施工、同时投入运行。

一、单项选择题（每题的备选项中,只有1个最符合题意）

1. 工程项目的种类繁多,为了适应科学管理的需要,可以从不同的角度进行分类,建设工程项目按项目的(   )划分,可分为政府投资项目和非政府投资项目。
   A. 建设性质　　　　　　　　　　B. 投资来源
   C. 项目规模　　　　　　　　　　D. 投资作用

2. 根据《房屋建筑和市政基础设施工程施工图设计文件审查管理办法》的规定,(   )应当将施工图送施工图审查机构审查。
   A. 施工单位　　　　　　　　　　B. 监理单位
   C. 建设单位　　　　　　　　　　D. 设计单位

3. 项目后评价是工程项目实施阶段管理的延伸,它的基本方法是(   )。
   A. 统计法　　　　　　　　　　　B. 比例法
   C. 理论计算法　　　　　　　　　D. 对比法

4. 项目管理知识体系中,(   )是指为满足项目利益相关者目标而开展的计划、管理和控制活动。
   A. 项目范围管理　　　　　　　　B. 项目时间管理
   C. 项目质量管理　　　　　　　　D. 项目人力资源管理

5. 工程设计阶段,(   )的目的是为了阐明在指定的地点时间和投资控制数额内,拟建项目在技术上的可行性和经济上的合理性。
   A. 初步设计　　　　　　　　　　B. 技术设计
   C. 施工图设计　　　　　　　　　D. 施工图设计文件的审查

6. 生产准备工作一般应包括的主要内容有(   )等。
   A. 组织准备、资金准备、物资准备　B. 组织准备、技术准备、管理准备
   C. 组织准备、技术准备、物资准备　D. 管理准备、技术准备、资金准备

7. 建设工程项目管理的任务中,(   )的主要任务是采用规划、组织、协调等手段,采取组织、技术、经济、合同等措施,确保项目总目标的实现。
   A. 风险管理　　　　　　　　　　B. 信息管理
   C. 目标控制　　　　　　　　　　D. 合同管理

8. 竣工决算文件中,真实记录各种地下、地上建筑物等详细情况的技术文件是(   )。
   A. 总平面图　　　　　　　　　　B. 竣工图
   C. 施工图　　　　　　　　　　　D. 交付使用资产明细表

9. 在一个建设工程项目中,具有独立的设计文件,竣工后可以独立发挥生产能力或效益的一组配套齐全的工程项目属于(   )。
   A. 分部工程　　　　　　　　　　B. 单位工程
   C. 单项工程　　　　　　　　　　D. 分项工程

10. 关于采用(   )的政府投资项目,政府需要从投资决策的角度审批项目建议书和可行性研究报告,除特殊情况外不再审批开工报告,同时还要严格审批其初步设计和

概算。

　　A. 投资补助、转贷和资本金注入方式
　　B. 直接投资和贷款贴息方式
　　C. 投资补助、转贷和贷款贴息方式
　　D. 直接投资和资本金注入方式

11. 建设程序，是指(　　)在整个建设过程中，各项工作的先后顺序。
　　A. 建设项目可能遵循　　　　B. 建设工程必须遵循
　　C. 建设项目必须遵循　　　　D. 建设项目可能遵循

12. 一座大型食品加工厂属于(　　)。
　　A. 单项工程　　　　　　　　B. 建设工程
　　C. 建设项目　　　　　　　　D. 单位工程

13. 一栋教学办公楼属于(　　)。
　　A. 单项工程　　　　　　　　B. 分部工程
　　C. 建设工程　　　　　　　　D. 单位工程

14. 某大型商场的桩基础属于(　　)。
　　A. 建设工程　　　　　　　　B. 单项工程
　　C. 分部工程　　　　　　　　D. 单位工程

15. 下列不属于按建设项目的投资效益分类的是(　　)。
　　A. 竞争性项目　　　　　　　B. 基础性项目
　　C. 公益性项目　　　　　　　D. 生产性项目

16. 下列按照投资作用进行建设项目分类的是(　　)。
　　A. 生产性建设项目和非生产型建设项目
　　B. 限额以上和限额以下项目
　　C. 政府投资项目和非政府投资项目
　　D. 竞争性项目，基础性项目和公益性项目

17. 下列关于项目建议书的说法，错误的是(　　)。
　　A. 项目建议书经批准后，可以进行详细的可行性研究工作，但并不表明项目非上不可
　　B. 经过批准的项目建议书是项目的最终决策
　　C. 企业不需要编制项目建议书而可直接编制可行性研究报告
　　D. 项目建议书的主要作用是推荐一个拟建项目，供国家选择并确定是否进行下一步工作

18. 如果初步设计提出的总概算超过可行性研究报告总投资的(　　)以上或者其他主要指标需要变更时，应说明原因和计算依据，并重新向原审批单位报批可行性研究报告。
　　A. 5%　　　　　　　　　　　B. 10%
　　C. 15%　　　　　　　　　　D. 20%

19. 建设项目在开工建设之前完成工程建设准备工作并具备开工条件后，由(　　)负责及时办理工程质量监督手续和施工许可证。
　　A. 建设单位　　　　　　　　B. 施工单位

C. 监理单位　　　　　　　　　　D. 设计单位

20. 工程竣工验收的准备应由（　　）负责。
    A. 建设单位　　　　　　　　　　B. 施工单位
    C. 监理单位　　　　　　　　　　D. 设计单位

21. 关于竣工图的绘制，一般规定：不管在单位施工过程中图纸有无变更、最终是否需要重新绘制，但必须由（　　）负责在原施工图或重新绘制的工程图上加盖"竣工图"标志，才能作为竣工图。
    A. 建设单位　　　　　　　　　　B. 施工单位
    C. 监理单位　　　　　　　　　　D. 设计单位

22. 项目后评价的基本方法是（　　）。
    A. 对比法　　　　　　　　　　　B. 分析法
    C. 统计法　　　　　　　　　　　D. 总结评价法

23. 建设工程项目管理的核心任务是（　　）。
    A. 控制项目采购　　　　　　　　B. 控制项目目标
    C. 控制项目风险　　　　　　　　D. 控制项目信息

24. 在建设工程项目的决策和实施过程中，由于各阶段的任务和实施主体不同，构成了不同类型的项目管理。（　　）是全过程的项目管理，包括项目决策与实施阶段的各个环节。
    A. 业主方项目管理　　　　　　　B. 工程总承包方项目管理
    C. 设计方项目管理　　　　　　　D. 施工方项目管理

25. 建设项目的三阶段设计是指（　　）。
    A. 单位工程设计、单项工程设计、建筑项目总设计
    B. 初步设计、技术设计、施工图设计
    C. 总图运输设计、平面设计、立面设计
    D. 初步设计、技术设计、扩大初步设计

26. 根据《国务院关于投资体制改革的决定》，关于采用直接投资和资本金注入方式的政府投资项目，除特殊情况外，政府主管部门不再审批（　　）。
    A. 项目建议书　　　　　　　　　B. 项目初步设计
    C. 项目开工报告　　　　　　　　D. 项目可行性研究报告

27. 下列属于分部工程的是（　　）。
    A. 既有工厂的车间扩建工程　　　B. 工业车间的设备安装工程
    C. 房屋建筑的装饰装修工程　　　D. 基础工程中的土方开挖工程

28. 根据《国务院关于投资体制改革的决定》，关于采用贷款贴息方式的政府投资项目，政府需要审批（　　）。
    A. 项目建议书　　　　　　　　　B. 可行性研究报告
    C. 工程概算　　　　　　　　　　D. 资金申请报告

29. 根据《建筑工程施工质量验收统一标准》GB 50300—2013，下列工程中，属于分部工程的是（　　）。
    A. 木门窗安装工程　　　　　　　B. 外墙防水工程

C. 土方开挖工程 D. 智能建筑工程

30. 根据《建筑工程施工质量验收统一标准》GB 50300—2013，下列工程中，属于分项工程的是（　　）。
　　A. 电气工程 B. 钢筋工程
　　C. 屋面工程 D. 基坑支护

31. 对于一般工业与民用建筑工程而言，下列工程中，属于分部工程的是（　　）。
　　A. 通风与空调工程 B. 砖砌体工程
　　C. 玻璃幕墙工程 D. 裱糊与软包工程

32. 根据《国务院关于投资体制改革的决定》，企业不使用政府资金投资建设《政府核准的投资项目目录》中的项目时，企业仅需向政府提交（　　）。
　　A. 项目申请报告 B. 项目可行性研究报告
　　C. 项目开工报告 D. 项目初步设计文件

33. 对于一般工业项目的办公楼而言，下列工程中属于分部工程的是（　　）。
　　A. 土方开挖与回填工程 B. 通风与空调工程
　　C. 玻璃幕墙工程 D. 门窗制作与安装工程

34. 根据《国务院关于投资体制改革的决定》，实行备案制的项目是（　　）。
　　A. 政府直接投资的项目
　　B. 采用资金注入方式的政府投资项目
　　C. 政府核准的投资项目目录外的企业投资项目
　　D. 政府核准的投资项目目录内的企业投资项目

35. 为了保护环境，在项目实施阶段应做到"三同时"。这里的"三同时"是指主体工程与环保措施工程要（　　）。
　　A. 同时施工、同时验收，同时投入运行
　　B. 同时审批、同时设计、同时施工
　　C. 同时设计、同时施工、同时投入运行
　　D. 同时施工、同时移交、同时使用

36. 建设工程项目管理的核心任务是控制好项目的三大目标。下列不属于项目管理三大目标的是（　　）。
　　A. 工程项目质量 B. 工程项目造价
　　C. 工程项目进度 D. 工程项目安全

37. 在建设项目构成中，属于分项工程的是（　　）。
　　A. 电梯工程 B. 地下防水
　　C. 混凝土工程 D. 土石方工程

38. 工程项目建设程序是指整个建设过程中，各项工作必须遵循的先后工作次序，不得任意颠倒。下列政府投资工程项目次序表示正确的是（　　）。
　　A. 可行性研究→项目建议书→初步设计→施工图设计→开工准备→工程施工→项目后评价→竣工验收
　　B. 可行性研究→项目建议书→初步设计→开工准备→施工图设计→工程施工→项目后评价→竣工验收

C. 项目建议书→可行性研究→初步设计→开工准备→施工图设计→工程施工→竣工验收→项目后评价

D. 项目建议书→可行性研究→初步设计→施工图设计→开工准备→工程施工→竣工验收→项目后评价

39. 具备独立施工条件并能形成独立使用功能的建筑物及构筑物的是（　　）。
   A. 单项工程
   B. 单位工程
   C. 分部工程
   D. 分项工程

40. 下列不属于分部工程的是（　　）。
   A. 土建工程
   B. 屋面工程
   C. 主体结构工程
   D. 地基与基础工程

41. 完成施工用水、电、路工程和征地、拆迁以及场地平整等工作，应该属于（　　）阶段的工作内容。
   A. 施工图设计
   B. 建设准备
   C. 建设实施
   D. 生产准备

42. 建设项目全部完成，可以向负责验收的单位提出竣工验收申请报告。下列单位中，负责提出竣工验收申请报告的应当是（　　）。
   A. 建设单位
   B. 总承包单位
   C. 监理单位
   D. 建设行政主管部门

43. 下列不属于建设实施阶段的是（　　）。
   A. 施工安装
   B. 工程设计
   C. 编报项目建议书
   D. 生产准备

44. 下列属于建设实施阶段的是（　　）。
   A. 竣工验收
   B. 工程设计
   C. 编报可行性研究报告
   D. 编报项目建议书

45. 根据《建筑工程施工质量验收统一标准》GB 50300—2013，下列工程中，属于分项工程的是（　　）。
   A. 计算机机房工程
   B. 轻钢结构工程
   C. 土方开挖工程
   D. 外墙防水工程

46. 根据《建筑工程施工质量验收统一标准》GB 50300—2013，下列工程中，属于分项工程的是（　　）。
   A. 电气工程
   B. 钢筋工程
   C. 屋面工程
   D. 基础工程

47. 工程项目可根据投资作用划分为生产性工程项目和非生产性工程项目两类，下列项目中属于生产性工程项目的是（　　）。
   A. 办公建筑
   B. 基础设施建设项目
   C. 公共建筑
   D. 居住建筑

48. 对一般工业与民用建筑工程而言，下列工程中属于分项工程的是（　　）。
   A. 地基与基础处理
   B. 电气工程
   C. 电梯工程
   D. 钢结构基础

49. 根据《建筑工程施工质量验收统一标准》GB 50300—2013，具有独立施工条件和能形成独立使用功能是（　　）划分的基本要求。
    A. 单位工程　　　　　　　　　　B. 单项工程
    C. 分部工程　　　　　　　　　　D. 分项工程
50. 下列选项中，属于分项工程的是（　　）。
    A. 铝合金结构工程　　　　　　　B. 模板工程
    C. 屋面工程　　　　　　　　　　D. 砌体结构工程
51. 在实际工作中，往往从效益后评价、过程后评价两个方面对工程项目进行后评价。下面属于效益后评价的是（　　）。
    A. 项目可持续性后评价　　　　　B. 立项决策系统分析
    C. 设计施工系统分析　　　　　　D. 生产运营系统分析
52. 根据《国务院关于投资体制改革的决定》，下列关于项目投资决策审批制度的说明，正确的是（　　）。
    A. 政府投资项目实行审批制和核准制
    B. 采用资本金注入方式的政府投资项目，需要审批项目建议书、可行性研究报告和开工报告
    C. 对于企业不使用政府资金投资建设的项目，一律实行备案制
    D. 按规定应实行备案的项目由企业按照属地原则向地方政府投资主管部门备案
53. 根据国家现行规定，下列关于建设项目竣工验收的表述正确的是（　　）。
    A. 无论规模大小，建设项目完工后均应进行初验，然后进行正式验收
    B. 建设项目竣工图应由施工单位绘制并加盖"竣工图"标志
    C. 由项目主管部门或建设单位向负责验收的单位提出竣工验收申请报告
    D. 施工单位必须及时编制竣工决算，分析投资计划执行情况
54. 竣工验收的准备工作不包括（　　）。
    A. 整理技术资料　　　　　　　　B. 绘制竣工图
    C. 编制竣工决算　　　　　　　　D. 组织验收委员会
55. 在工程项目建设程序的（　　），通过对工程项目所作出的基本技术经济规定，编制项目总概算。
    A. 可行性研究阶段　　　　　　　B. 施工图设计阶段
    C. 技术设计阶段　　　　　　　　D. 初步设计阶段
56. 下列工作中不属于建设单位在建设准备阶段应进行的工作是（　　）。
    A. 择优选定承包单位
    B. 组织招标选择设备、材料供应商
    C. 完成征地拆迁工作
    D. 编制项目管理实施规划
57. 根据《建筑工程施工图设计文件审查暂行办法》，（　　）应当将施工图报送建设行政主管部门，由其委托有关机构进行审查。
    A. 设计单位　　　　　　　　　　B. 建设单位
    C. 咨询单位　　　　　　　　　　D. 质量监督机构

58. 下列项目开工建设准备工作中，在办理工程质量监督手续之后才能进行的工作是（　　）。
　　A. 办理施工许可证　　　　　　B. 编制施工组织设计
　　C. 编制监理规划　　　　　　　D. 审查施工图设计文件

59. 目前BIM技术在我国工程项目管理中的应用仍处于初级阶段，不属于值得关注和推广的应用是（　　）。
　　A. 构建可视化模型　　　　　　B. 提出工程设计方案
　　C. 模拟施工　　　　　　　　　D. 合理安排资源计划

60. 在建设项目实施阶段，主体工程与环保措施工程应（　　）。
　　A. 同时设计、同时施工
　　B. 同时设计、同时施工、同时投入运行
　　C. 同时施工、同时投入运行
　　D. 同时施工、同时竣工验收、同时投入运行

二、多项选择题（每题的备选项中，有2个或2个以上符合题意，至少有1个错项）

1. 建设工程项目是指为完成依法立项的（　　）等各类工程进行的、有起止日期的、达到规定要求的一组相互关联的受控活动组成的特定过程。
　　A. 新建　　　　　　　　　　　B. 扩建
　　C. 改建　　　　　　　　　　　D. 营运
　　E. 维修

2. 建设工程项目按照由整体到局部，由大到小，可以划分为（　　）。
　　A. 单项工程　　　　　　　　　B. 单位工程
　　C. 分部工程　　　　　　　　　D. 分项工程
　　E. 子项工程

3. 下列属于建设准备阶段的工作有（　　）。
　　A. 通过招标选择施工单位　　　B. 准备必要的施工图纸
　　C. 招收、培训生产人员　　　　D. 落实生产原材料供应
　　E. 征地、拆迁

4. 下列属于建设项目的是（　　）。
　　A. 某一办公楼的土建工程　　　B. 某一化工厂
　　C. 某一大型体育馆　　　　　　D. 某教学楼的安装工程
　　E. 某教学楼装修工程

5. 下列项目属于单项工程的是（　　）。
　　A. 纺织厂织布车间　　　　　　B. 某一中型规模的火车站
　　C. 某一住宅楼　　　　　　　　D. 某一大型医院
　　E. 某一学校

6. 下列属于单位工程的是（　　）。
　　A. 教学楼的主体工程
　　B. 办公楼的土建工程

C. 住宅楼±0.000以下的工程
D. 汽车组装车间的工艺设备安装工程
E. 某教学楼的桩基工程

7. 下列属于一个分部工程的是（　　）。
   A. 写字楼的地基基础工程　　B. 教学楼的混凝土楼板工程
   C. 图书馆的主体结构工程　　D. 综合楼的钢筋工程
   E. 某教学楼屋面工程

8. 建设项目按照项目的投资作用分类有（　　）。
   A. 在建项目　　B. 非生产性建设工程项目
   C. 筹建项目　　D. 投产项目
   E. 生产性建设工程项目

9. 建设项目按照性质不同的分类有（　　）。
   A. 新建项目　　B. 扩建项目
   C. 筹建项目　　D. 迁建项目
   E. 非生产性项目

10. 建设工程项目按项目的投资来源可划分为（　　）。
    A. 政府投资项目　　B. 非政府投资项目
    C. 生产性项目　　D. 非生产性项目
    E. 竞争性项目

11. 工程项目建设程序是指工程项目从策划开始经过评估、决策、（　　）的整个建设过程中，各项工作必须遵循的先后工作次序。
    A. 设计　　B. 施工
    C. 竣工验收　　D. 投入生产和交付使用
    E. 运营

12. 重大项目和技术复杂项目，工程设计工作一般划分为（　　）。
    A. 扩大初步设计阶段　　B. 方案设计阶段
    C. 初步设计阶段　　D. 施工图设计阶段
    E. 技术设计阶段

13. 根据《房屋建筑与市政基础设施工程施工图设计文件审查管理办法》规定，建设单位应当将施工图报送建设行政主管部门，由建设行政主管部门委托关于审查机构，进行（　　）等内容的审查。
    A. 结构安全　　B. 强制性标准
    C. 规范执行情况　　D. 环境保护
    E. 劳动卫生

14. 竣工验收准备工作的主要内容包括（　　）。
    A. 整理技术资料　　B. 绘制竣工图
    C. 编制竣工决算　　D. 办理工程结算
    E. 支付工程款

15. 关于绘制竣工图，下列规定正确的有（　　）。

A. 凡按图施工没有变动的，由施工单位在原施工图上加盖"竣工图"标志后即可

B. 凡有重大改变的如设计原因造成的，由设计单位负责绘制，施工单位负责加盖"竣工图"标志

C. 凡有重大改变的，如施工原因造成的，由施工单位负责绘制，并加盖"竣工图"标志

D. 凡有重大改变的，由于其他原因的，由业主负责绘制，施工单位负责加盖"竣工图"标志

E. 仅有一般性设计变更，可不重新绘制，由施工单位负责加盖"竣工图"标志后即作为竣工图

16. 在项目后评价的实际工作中，往往从下列（　　）方面对建设工程项目进行后评价。

A. 效益后评价　　　　　　B. 过程后评价
C. 结果后评价　　　　　　D. 财务后评价
E. 合同后评价

17. 施工方项目管理的目标体系包括项目施工质量、成本、工期以及（　　）。

A. 安全和现场标准化　　　B. 环境保护
C. 技术　　　　　　　　　D. 合同
E. 组织

18. 下列关于建设工程项目管理类型的说法，正确的是（　　）。

A. 业主方项目管理是全过程的项目管理
B. 项目管理单位可以为业主方提供全过程的项目管理
C. 工程总承包的项目管理是指项目施工安装阶段的项目管理
D. 设计方的项目管理应该延伸到项目的施工阶段和竣工验收阶段
E. 设计方的项目管理管理应该实施项目施工质量、成本、工期、安全和环境保护目标体系

19. 下列关于建设工程项目管理任务的说法，正确的是（　　）。

A. 从某种意义上讲，项目的实施工程就是合同订立和履行的过程
B. 组织协调是实现项目目标不可少的方法和手段
C. 目标控制的措施包括组织、技术、经济、合同等措施
D. 信息管理是项目目标控制的基础
E. 为了加快项目进度，环保措施可以列入后期工程实施

20. 根据《建筑工程施工质量验收统一标准》GB 50300—2013，下列工程中，属于分部工程的有（　　）。

A. 工业管道工程　　　　　B. 智能建筑工程
C. 建筑节能工程　　　　　D. 土方回填工程
E. 装饰装修工程

21. 根据《国务院关于投资体制改革的决定》企业投资建设《政府核准的投资项目目录》中的项目时，不再经过批准（　　）的程序。

A. 项目建议书　　　　　　B. 项目可行性研究报告

C. 项目初步设计 D. 项目施工图设计
E. 项目开工报告

22. 基本建设项目按其投资来源可以划分为（　　）。
    A. 竞争性投资项目 B. 非经营性投资项目
    C. 政府投资项目 D. 非政府投资项目
    E. 经营性投资项目

23. 下列属于按建设项目性质的分类是（　　）。
    A. 扩建项目 B. 在建项目
    C. 改建项目 D. 迁建项目
    E. 恢复项目

24. 建设项目在开工建设之前要切实做好各项准备工作，其主要内容包括（　　）。
    A. 征地、拆迁、场地平整以及基坑开挖工作
    B. 完成施工用水、电、通信、道路等接通工作
    C. 组织招标选择工程监理单位、承包单位及设备、材料供应商
    D. 准备必要的施工图纸
    E. 办理工程质量监督和施工许可手续

25. 对于一般工业与民用建筑工程而言，下列属于分部工程的是（　　）。
    A. 基坑支护工程 B. 土方开挖工程
    C. 砖砌体工程 D. 地下防水工程
    E. 土方回填工程

26. 下列属于分项工程的是（　　）。
    A. 木门窗制作与安装工程 B. 地基与基础工程
    C. 地下防水工程 D. 混凝土工程
    E. 钢结构工程

27. 下列关于工程项目组成的说明，正确的是（　　）。
    A. 具有独立的设计文件，并能形成独立使用功能的建筑物及构筑物称为单项工程
    B. 地基与基础工程主体结构工程是建筑工程的分部工程
    C. 具备独立的施工条件，竣工后可以独立发挥生产能力或效益的工程项目为单位工程
    D. 电梯工程是分项工程
    E. 计量工程用工用料及机械台班消耗的基本单元是分项工程

28. 对于一般工业与民用建筑工程而言，下列属于分部工程的是（　　）。
    A. 屋面工程 B. 幕墙工程
    C. 建筑电气工程 D. 钢筋工程
    E. 电梯工程

29. 根据《建筑工程施工质量验收统一标准》GB 50300—2013，建筑工程包括（　　）等分部工程。
    A. 地基与基础 B. 主体结构
    C. 装饰装修 D. 屋面

E. 土建工程

30. 项目法人责任制由项目法人对（　　）等实行全过程负责。
   A. 项目策划　　　　　　　　B. 资金筹措
   C. 建设实施　　　　　　　　D. 生产经营
   E. 资产核算

31. 根据项目的投资效益和市场需求，可以将其划分为（　　）。
   A. 竞争性项目　　　　　　　B. 政府投资项目
   C. 基础性项目　　　　　　　D. 非政府投资项目
   E. 公益性项目

32. 根据《房屋建筑和市政基础设施工程施工图设计文件审查管理办法》，施工图审查机构对施工图设计文件审查的内容有（　　）。
   A. 是否按限额设计标准进行施工图设计
   B. 是否符合工程建设强制性标准
   C. 施工图预算是否超过批准的工程概算
   D. 地基基础和主体结构的安全性
   E. 危险性较大的工程是否有专项施工方案

33. 根据《国务院关于投资体制改革的决定》，只需审批资金申请报告的政府投资项目是指采用（　　）方式的项目。
   A. 直接投资　　　　　　　　B. 资本金注入
   C. 投资补助　　　　　　　　D. 转贷
   E. 贷款贴息

34. 关于工程项目后评价的说法，正确的是（　　）。
   A. 项目后评价应在竣工验收阶段进行
   B. 项目后评价的基本方法是对比法
   C. 项目效益后评价主要是经济效益后评价
   D. 过程后评价是项目后评价的重要内容
   E. 项目后评价全部采用实际运营数据

35. 工程项目管理的发展趋势包括（　　）。
   A. 国际化趋势　　　　　　　B. 集成化趋势
   C. 专业化趋势　　　　　　　D. 市场化趋势
   E. 信息化趋势

36. BIM技术值得关注和推广的方面包括（　　）。
   A. 构建可视化模型　　　　　B. 优化工程设计方案
   C. 模拟施工　　　　　　　　D. 强化造价管理
   E. 强化施工管理

37. 工程项目管理的核心任务是控制项目目标，项目目标有（　　）。
   A. 造价控制　　　　　　　　B. 合同控制
   C. 质量控制　　　　　　　　D. 进度控制
   E. 索赔控制

答案与解析

一、单项选择题

1. B； 2. C； 3. D； 4. C； 5. A； 6. C； 7. C； 8. B； 9. C； 10. D；
11. C； 12. C； 13. A； 14. C； 15. D； 16. A； 17. B； 18. B； 19. A； 20. A；
21. B； 22. A； 23. B； 24. A； 25. B； 26. C； 27. C； 28. D； 29. D； 30. B；
31. A； 32. A； 33. B； 34. C； 35. C； 36. D； 37. C； 38. D； 39. B； 40. A；
41. B； 42. A； 43. C； 44. B； 45. C； 46. B； 47. B； 48. D； 49. A； 50. B；
51. A； 52. D； 53. C； 54. D； 55. D； 56. D； 57. B； 58. A； 59. B； 60. B。

二、多项选择题

1. ABC； 2. ABCD； 3. ABE； 4. BC； 5. AC； 6. BD； 7. ACE；
8. BE； 9. ABD； 10. AB； 11. ABCD； 12. CDE； 13. ABC； 14. ABC；
15. ABCD； 16. AB； 17. AB； 18. ABD； 19. ABCD； 20. BCE； 21. ABE；
22. CD； 23. ACDE； 24. BCDE； 25. AD； 26. AD； 27. BE； 28. ACE；
29. ABCD； 30. ABCD； 31. ACE； 32. BD； 33. CDE； 34. BD； 35. ABE；
36. ABCD； 37. ACD。

单选题解析

多选题解析

第 2 节　工程项目实施模式

复习要点

1. 工程项目发承包模式

（1）工程项目发承包模式

1）DBB 模式（Design—Bid—Build，设计—招标—建造）

优点	不足
① 使用时间长，应用广泛，管理方法相对成熟。 ② 有助于依据工程特征或市场情形，合理分标，运用承包人的竞争机制，降低价格，有助于挑选能力强的专业承包商，提高建设单位对项目进度、质量、成本等目标的控制程度。 ③ 可采用各方均熟悉的合同文本，有利于合同管理和风险管理	① 项目设计—招标—建造的周期较长，对项目的工期不易控制。 ② 管理和协调工作较复杂，建设单位管理费用较高，需要建设单位具备较强的项目管理能力。 ③ 不易控制工程总投资。 ④ 项目出现质量问题时，设计和施工双方容易互相推诿责任

2) DB 模式

DB（Design—Build，设计—建筑）模式是指总承包单位按照合同约定承担工程项目的设计和施工，建设单位重在产品是否符合需求，不参与设计与施工之间的关系协调。该模式通常采用总价合同，此条件下承包单位承担了大部分责任和风险。总承包单位可以依据法律、法规等将若干专业性强的任务分包给不同的专业单位完成，并统一协调和监督各专业分包单位的工作。常用于房屋建筑和大中型土木、电力、水利、机械等工程项目。

优点	不足
① 有利于工程项目的组织管理。由于建设单位只与总承包单位签订合同，合同结构简单。同时，由于合同数量少，使得建设单位的组织管理和协调工作量小，可发挥总承包单位多层次协调的积极性。 ② 对建设单位而言，选择总承包单位的范围小，一般合同金额偏高	① 对总承包单位而言，责任重、风险大、需要具有较高的管理水平和丰富的实践经验，获得高额利润的潜力也较大。 ② 建设单位无法参与设计单位的选择，对最终设计和细节的控制能力降低

3) 合作体承包模式

当工程项目包含工程类型多、数量大，或专业配套需要时，一家公司无力实行总承包，而建设单位又希望承包方有一个统一的协调组织时，就可能产生几家公司自愿结成合作伙伴，成立一个合作体，以合作体的名义与建设单位签订工程承包意向合同（也称基本合同）。

合作体承包模式的特点：

① 建设单位的组织协调工作量小，但风险较大。由于承包单位是一个合作体，各公司之间能互相协调，从而减少了建设单位的组织协调工作量。但当合作体中某一家公司倒闭破产时，其他成员单位及合作体机构不承担项目合同的经济责任，这一风险将由建设单位承担。

② 各承包单位之间既有合作的意愿，又不愿意组成联合体。参加合作体的各成员单位都没有与建设任务相匹配的力量，都想利用合作体增强总体实力。他们之间既有合作的愿望，但又出于自主性或彼此之间信任度不够，不采取联合体的捆绑式经营方式。这些特点都是潜在的风险源。

4) EPC/T 模式

EPC/T（Engineer Procurement Construction/Turnkey，设计—采购—施工/交钥匙）模式是指总承包单位按照合同约定，承担工程项目的全部工作，包括设计、设备采购、各专业工程的施工等工作，并对承包工程的质量、安全、工期、造价等全面负责，使建设单位获得一个现成的工程，由业主"转动钥匙"就可以运行。EPC 工程管理模式代表了现代西方工程项目管理的主流。EPC 模式的重要特点是充分发挥市场机制的作用，促使承包商、设计师、建筑师共同寻求最经济、最有效的方法实施工程项目。当然，在工程竣工验收时，仍然要按照合同的要求对工程项目及其中的设备进行相应的严格检查与验收。EPC 模式为我国现有的工程项目管建设管理模式的改革提供了新的变革动力。

5) CM 模式

CM 模式是指由建设单位委托一家 CM 单位承担项目管理工作，该 CM 单位以承包商的身份进行施工管理，并在一定程度上影响工程设计活动，组织快速路径的生产方式，使工程项目实现有条件的"边设计，边施工"。

① CM 模式特别适用于实施周期长、工期要求紧迫的大型复杂工程项目。
② 采用 CM 模式，不仅有利于缩短工程项目建设周期，而且有利于控制工程质量和造价

6）Partnering 模式

Partnering 模式的主要特征表现在下列几个方面：

① 出于自愿	② 高层管理的参与
③ Partnering 协议不是法律意义上的合同	④ 信息的开放性

2. 工程项目管理组织机构形式

（1）直线制

优点：

1）保证单线领导，每个组织单元仅向一个上级负责，一个上级对下级直接行使管理和监督的权利，一般不能越级下达指令。项目参加者的工作任务分配明确，责任和权利关系清楚明确，指令唯一，这样可以减少扯皮和纠纷，协调方便。

2）项目经理有指令权，能直接控制资源，对建设单位负责。

3）信息流通快，决策迅速，项目容易控制。

4）组织结构形式与项目结构分解图式基本一致，使得目标分解和责任落实比较容易，不会遗漏项目工作，项目障碍较小，协调费用低。

缺点：

1）当项目较多、较大时，每个项目都要对应一个完整的独立组织机构，使资源不能达到充分合理利用。

2）项目经理责任较大，一切决策信息都来源于项目经理，这就要求其能力强、知识全面、经验丰富，成为"全能式"人才。

3）不能保证项目组织成员之间信息流通的速度和质量，权利争执会使项目组织成员间合作困难，不利于项目管理水平的提高。

（2）职能制优缺点：

1）职能制组织机构强调职能部门和职能人员专业化的作用，注意发挥各类专家在项目管理中的作用，大大提高了项目组织内的职能管理的专业化水平，进而能够提高项目的整体效率，项目经理主要负责协调。

2）职能制组织机构没有处理好管理层次和职能部门的关系，有碍于指令的统一性，容易形成多头领导，产生职能工作的重复或遗漏。

（3）矩阵制优缺点：

1）矩阵制组织机构能根据工程任务的实际情况灵活地组建与之相适应的管理机构，具有较大的机动性和灵活性。它实现了集权和分权的有机结合，有利于调动各类人员的工作积极性，使工程项目管理工作顺利地进行。

2）矩阵制组织机构经常变动，稳定性差，尤其是业务人员的工作岗位频繁调动。此外，矩阵中的每一个成员都受项目经理和职能部门经理的双重领导，如果处理不当，会造成矛盾，产生扯皮现象。按照项目经理的权限不同，矩阵制组织机构又可以分为三种形式，即：强矩阵制组织形式、中矩阵制组织形式、弱矩阵制组织形式。

一、单项选择题（每题的备选项中，只有1个最符合题意）

1. DBB模式不包括（　　）。
   A. 设计　　　　　　　　　　B. 经营
   C. 招标　　　　　　　　　　D. 建造

2. DB模式指的是（　　）。
   A. 设计—招标　　　　　　　B. 招标—建筑
   C. 承包—运营　　　　　　　D. 设计—建造

3. 不赚取总包与分包单位之间的差价的模式是（　　）。
   A. DB　　　　　　　　　　　B. DBB
   C. CM　　　　　　　　　　　D. DBO

4. 某建设单位在工程项目组织结构设计中采用了直线制组织结构模式（下图所示）。图中反映了业主、设计单位、施工单位和为业主提供设备的供货商之间的组织关系，该图表明（　　）。

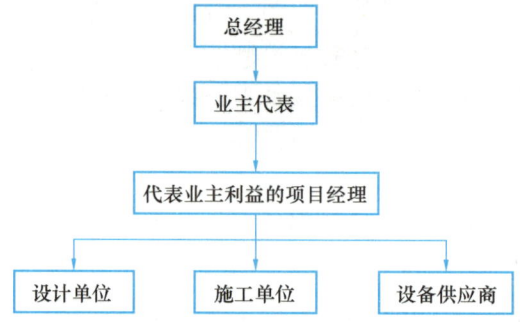

   A. 总经理可直接向设计单位下达指令　B. 总经理可直接向项目经理下达指令
   C. 总经理必须通过业主代表下达指令　D. 业主代表可直接向施工单位下达指令

5. 某建设公司准备实施一个大型地铁建设项目的施工管理任务。为提高项目组织系统的运行效率，决定设置纵向和横向工作部门以减少项目组织结构的层次。该项目所选用的组织结构模式是（　　）。
   A. 线性组织结构　　　　　　B. 矩阵组织结构
   C. 职能组织结构　　　　　　D. 项目组织结构

6. 在某地铁建设项目中，总承包商选择了矩阵式组织结构模式，使得一些项目成员不得不接受来自纵向和横向两个部门的指令。其中发出横向"指令的"工作部门可以是（　　）。
   A. 项目经理办公室　　　　　B. 采购管理部
   C. 各子项目管理部　　　　　D. 预算管理部

7. 工程项目承包模式中，建设单位组织协调工作量小，但风险较大的是（　　）。
   A. 总分包模式　　　　　　　B. 合作体承包模式
   C. 平行承包模式　　　　　　D. 联合体承包模式

8. 下列关于Partnering模式的说法，正确的是（　　）。
   A. Partnering协议是业主与承包商之间的协议

B. Partnering 模式是一种独立存在的承发包模式

C. Partnering 模式特别强调工程参建各方基层人员的参与

D. Partnering 协议不是法律意义上的合同

9. 代理型 CM 合同由建设单位与分包单位直接签订，一般采用（　　）的合同形式。

　　A. 固定单价　　　　　　　　　B. 可调总价

　　C. GMP 加酬金　　　　　　　　D. 简单的成本加酬金

10. 下列承发包模式中，采用"保证最大工程费用加酬金"合同形式的是（　　）。

　　A. 总分包模式　　　　　　　　B. 平行承包模式

　　C. 代理型 CM 模式　　　　　　D. 非代理型 CM 模式

11. 下列关于 CM（Construction Management）承包模式的说法，正确的是（　　）。

　　A. CM 单位直接与分包单位签订分包合同

　　B. CM 单位不负责工程分包的发包，与分包单位的合同由建设单位直接签订

　　C. CM 承包模式使工程项目实现有条件的"边设计，边施工"

　　D. 快速路径法施工并不适合 CM 承包模式

12. 下列发承包模式中，通常需要与工程项目其他组织模式中的某一种结合使用的是（　　）。

　　A. 联合体承包模式　　　　　　B. EPC 承包模式

　　C. 平行承包模式　　　　　　　D. Partnering 模式

13. 建设工程项目实施 CM 承包模式时，代理型合同由（　　）的计价方式签订。

　　A. 业主与分包商以简单的成本加酬金

　　B. 业主与分包商以保证最大工程费用加酬金

　　C. CM 单位与分包商以简单的成本加酬金

　　D. CM 单位与分包商以保证最大工程费用加酬金

14. 建设工程采用 CM 承包模式时，CM 单位有代理型和非代理型两种。工程分包单位的签约对象是（　　）。

　　A. 代理型为建设单位，非代理型为 CM 单位

　　B. 代理型为 CM 单位，非代理型为建设单位

　　C. 无论代理型或非代理型，均为建设单位

　　D. 无论代理型或非代理型，均为 CM 单位

15. 下列关于 CM 承包模式的说法，正确的是（　　）。

　　A. CM 单位负责分包工程的发包

　　B. CM 合同总价在签订 CM 合同时即确定

　　C. GMP 可大大减少 CM 单位的承包风险

　　D. CM 单位不赚取总包与分包之间的差价

16. 下列工程项目管理组织机构形式中，具有较大的机动性和灵活性，能够实现集权与分权的最优结合，但因有双重领导，容易产生扯皮现象的是（　　）。

　　A. 矩阵制　　　　　　　　　　B. 直线职能制

　　C. 直线制　　　　　　　　　　D. 职能制

17. 下列工程项目管理组织机构形式中，有利于管理的专业化的是（　　）。

A. 直线职能制和直线制　　　　　　B. 矩阵制和职能制
C. 职能制和直线职能制　　　　　　D. 矩阵制和直线职能制

18. 下列属于矩阵制组织机构特点的是(　　)。
   A. 结构简单、权力集中、易于统一指挥、隶属关系明确
   B. 管理人员工作单一，易于提高工作质量
   C. 组织机构中各职能部门之间的横向联系差，信息传递路线长，职能部门与指挥部门之间容易产生矛盾
   D. 每一个成员都受项目经理和职能部门经理的双重领导

19. 某施工组织机构如下图所示，该组织机构属于(　　)组织形式。

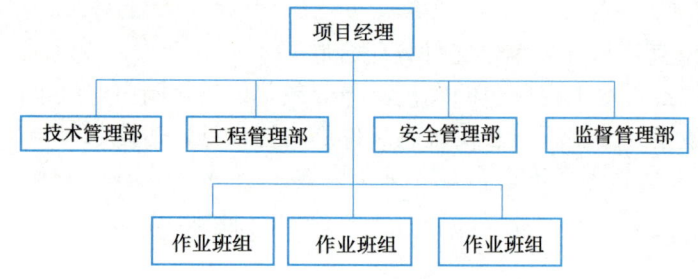

   A. 直线制　　　　　　　　　　　　B. 职能制
   C. 直线职能制　　　　　　　　　　D. 矩阵制

20. 工程项目管理组织机构采用直线制形式的优点是(　　)。
   A. 人员机动、组织灵活　　　　　　B. 多方指导、辅助决策
   C. 权力集中、职责分明　　　　　　D. 横向联系、信息流畅

21. 下列项目管理组织机构形式中，未明确项目经理角色的是(　　)组织机构。
   A. 职能制　　　　　　　　　　　　B. 弱矩阵制
   C. 平衡矩阵制　　　　　　　　　　D. 强矩阵制

22. 直线职能制组织结构的特点是(　　)。
   A. 信息传递路径较短　　　　　　　B. 容易形成多头领导
   C. 各职能部门间横向联系强　　　　D. 各职能部门职责清楚

23. 对于技术复杂、各职能部门之间的技术界面比较繁杂的大型工程项目，宜采用的项目组织形式是(　　)组织形式。
   A. 直线制　　　　　　　　　　　　B. 弱矩阵制
   C. 中矩阵制　　　　　　　　　　　D. 强矩阵制

24. 下列工程项目管理组织机构中，结构简单．隶属关系明确，便于统一指挥，决策迅速的是(　　)。
   A. 直线制　　　　　　　　　　　　B. 矩阵制
   C. 职能制　　　　　　　　　　　　D. 直线职能制

25. ★[2020年浙江] 三同时是指主体工程与环保措施工程要(　　)。
   A. 同时设计、同时施工、同时验收
   B. 同时审批、同时施工、同时验收
   C. 同时设计、同时施工、同时投入运行

D. 同时施工、同时验收、同时投入运行

二、多项选择题（每题的备选项中，有2个或2个以上符合题意，至少有1个错项）

1. 在建设项目的组织系统中，常用的组织结构模式有（　　）。
   A. 项目结构 B. 矩阵制组织结构
   C. 直线制组织结构 D. 项目合同结构
   E. 职能制组织结构

2. 下图示意了一个线性组织结构模式，该图所反映的组织关系有（　　）。

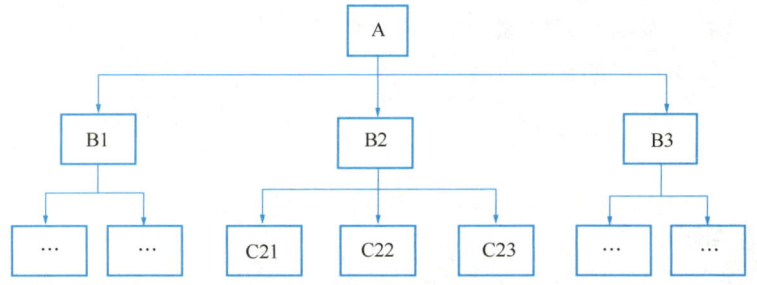

   A. B2 接受 A 的直接指挥
   B. A 可以直接向 C21 下达指令
   C. A 必须通过 B2 向 C22 下达指令
   D. B2 对 C21 有直接指挥权
   E. B1 有权向 C23 下达指令

3. 下列关于 Partnering 模式的说法，正确的是（　　）。
   A. Partnering 协议是业主与承包商之间的协议
   B. Partnering 模式是一种独立存在的承发包模式
   C. Partnering 模式特别强调工程参建各方基层人员的参与
   D. Partnering 协议不仅是法律意义上的合同
   E. Partnering 模式强调资源共享，对于参与方必须公开信息，以便及时获取、沟通

4. 下列关于直线制组织结构的说法，错误的是（　　）。
   A. 每个工作部门的指令是唯一的
   B. 高组织层次部门可以向任何低组织层次下达指令
   C. 优点是集中领导、职责清晰，有利于提高管理工作的效率
   D. 在特大组织系统中，指令路径会很长
   E. 可以避免相互矛盾的指令影响系统运行

5. 下列关于工程项目管理组织机构形式说法，正确的是（　　）。
   A. 直线制隶属关系明确，易于统一指挥
   B. 矩阵制容易形成多头领导
   C. 职能制因有双重领导，容易产生扯皮现象
   D. 强矩阵制适用于技术复杂且对时间紧迫的项目
   E. 弱矩阵制项目经理由企业最高领导任命，并全权负责项目

6. 下列关于强矩阵制组织形式的说法，正确的是（　　）。
   A. 项目经理具有较大权限

B. 需要配备训练有素的协调人员
C. 项目组成员绩效完全由项目经理考核
D. 适用于技术复杂且时间紧迫的项目
E. 项目经理直接向最高领导负责

7. 下列关于弱矩阵制组织形式的说法，正确的是(　　)。
A. 项目管理者的权限很小
B. 需要配备训练有素的协调人员
C. 项目组织成员绩效完全由项目经理考核
D. 适用于技术复杂且对时间紧迫的项目
E. 适用于技术简单的工程项目

答案与解析

一、单项选择题
1. B；　2. D；　3. C；　4. C；　5. B；　6. C；　7. B；　8. D；　9. D；　10. D；
11. C；　12. D；　13. A；　14. A；　15. D；　16. A；　17. C；　18. D；　19. C；　20. C；
21. B；　22. D；　23. D；　24. A；　25. C。

二、多项选择题
1. BCE；　2. ACD；　3. DE；　4. BC；　5. AD；　6. ACDE；　7. AE。

单选题解析

多选题解析

第3章 工程造价构成

第1节 概 述

复习要点

1. 建设项目总投资和工程造价的含义

1) 建设项目总投资的含义

建设项目总投资是指为完成工程项目建设并达到使用要求或生产条件,在建设期内预计或实际投入的全部费用总和。生产性建设项目总投资包括建设投资和铺底流动资金。非生产性建设项目总投资则只包括建设投资。

建设投资由设备及工器具购置费、建筑安装工程费、工程建设其他费用、预备费(包括基本预备费和价差预备费)组成。

铺底流动资金是指生产性建设项目为保证生产和经营正常工作,按规定应列入建设项目总投资的铺底流动资金,一般按流动资金的30%计算。

2) 工程造价的含义

工程造价是工程项目在建设期预计或实际支出的建设费用。

工程造价是指工程项目从投资决策开始到竣工投产所需的建设费用。

工程造价在工程交易或工程发承包前均预计支出的费用,包括投资决策阶段为投资估算,设计阶段为设计概算、施工图预算,发承包阶段为最高投标限价,这些均是估价,是预期费用。

工程造价最终反映的是所需的建设费用或建造费用,不包括生产运营期的维护改造等各项费用,也不包括流动资金。

2. 建设项目总投资组成表

建设项目总投资	建设投资	工程费用	设备及工器具购置费
			建筑安装工程费
		工程建设其他费用	
		预备费	基本预备费
			价差预备费
	建设期利息		
	流动资金		

一、单项选择题 (每题的备选项中,只有1个最符合题意)

1. 项目建设期间用于项目的建设投资、建设期贷款利息、流动资金的总和是( )。
    A. 建设项目总投资   B. 工程费用

C. 安装工程费　　　　　　　　　D. 预备费
2. 不属于建设工程项目总投资中建设投资的是(　　)。
   A. 工程建设其他费　　　　　　B. 土地使用费
   C. 铺底流动资金　　　　　　　D. 价差预备费
3. 建设投资可分为(　　)两部分。
   A. 无形资产和有形资产　　　　B. 新增资产和无形资产
   C. 静态投资和动态投资　　　　D. 无形资产和其他资产
4. 应列入建设项目总投资的铺底流动资金，一般按流动资金的(　　)计算。
   A. 10%　　　　　　　　　　　　B. 15%
   C. 20%　　　　　　　　　　　　D. 30%
5. 生产性建设项目总投资包括(　　)两部分。
   A. 建设投资和铺底流动资金　　B. 建筑工程安装费和建设期利息
   C. 无形资产和其他资产　　　　D. 建设投资和建设期利息
6. 下列不属于静态投资的是(　　)。
   A. 建筑安装工程费　　　　　　B. 设备及工器具购置费
   C. 建设期利息　　　　　　　　D. 基本预备费
7. 在建设项目总投资中，为完成工程项目建设，在建设期内投入且形成现金流出的全部费用是(　　)。
   A. 工程造价　　　　　　　　　B. 建设项目总投资
   C. 建设投资　　　　　　　　　D. 工程费用
8. 为完成工程项目建设并达到使用要求或生产条件，在建设期内预计或实际投入的全部费用总和为(　　)。
   A. 建设项目总投资　　　　　　B. 固定资产投资
   C. 建设投资　　　　　　　　　D. 工程费用
9. 在某建设项目投资构成中，设备及工、器具购置费为800万元，建筑安装工程费为1200万元，工程建设其他费为500万元，基本预备费为150万元，价差预备费为100万元，建设期贷款1800万元，应计利息为180万元，流动资金500万元，则该建设项目的建设投资为(　　)万元。
   A. 2620　　　　　　　　　　　B. 2750
   C. 2980　　　　　　　　　　　D. 3480
10. 对于非生产性建设项目而言，建设项目总投资由(　　)组成。
    A. 固定资产投资和流动资产投资两部分
    B. 建设投资和建设期利息两部分
    C. 工程费用、工程建设其他费用和预备费三部分
    D. 工程费用、工程建设其他费用两部分
11. 已知某项目设备及工、器具购置费为1000万元，建筑安装工程费580万元，工程建设其他费用240万元，预备费200万元，基本预备费150万元，建设期贷款500万元，建设期贷款利息80万元，项目正常生产年份流动资产平均占用额为350万元，流动负债平均占用额为280万元，则该建设项目工程造价为(　　)万元。

A. 2100 B. 2450
C. 2020 D. 2950

12. 关于我国现行建设项目投资构成的说法，正确的是（   ）。
    A. 生产性建设项目总投资为建设投资和建设期利息之和
    B. 工程造价为工程费用、工程建设其他费用和预备费之和
    C. 固定资产投资为建设投资和建设期利息之和
    D. 工程费用为直接费、间接费、利润和税金之和

13. 根据我国现行建设项目投资构成，建设投资中不包括的费用是（   ）。
    A. 工程费用   B. 工程建设其他费用
    C. 建设期利息   D. 预备费

14. 根据《建设项目经济评价方法与参数》，建设投资由（   ）三项费用构成。
    A. 工程费用、建设期利息、预备费
    B. 建设费用、建设期利息、流动资金
    C. 工程费用、工程建设其他费用、预备费
    D. 建筑安装工程费、设备及工器具购置费、工程建设其他费用

二、多项选择题 （每题的备选项中，有2个或2个以上符合题意，至少有1个错项）

1. 下列属于工程项目建设投资的有（   ）。
   A. 建设期利息   B. 设备及工器具购置费
   C. 预备费   D. 流动资产投资
   E. 工程建设其他费

2. 下列组成建设工程项目总概算的费用中，属于工程费用的是（   ）。
   A. 勘察设计费用   B. 建筑工程安装费
   C. 建设期利息   D. 办公生活家具购置费
   E. 建设工程项目的设备购置费

3. 工程费用不包括（   ）。
   A. 工程保险费   B. 建筑工程费
   C. 设备购置费   D. 安装工程费
   E. 建设管理费

4. 下列属于工程费用的是（   ）。
   A. 设备及工器具购置费   B. 建设期利息
   C. 建筑安装工程费   D. 基本预备费
   E. 流动资金

答案与解析

一、单项选择题

1. A；　2. C；　3. C；　4. D；　5. A；　6. C；　7. C；　8. A；　9. B；　10. B；
11. A；　12. C；　13. C；　14. C。

二、多项选择题

1. ABCE； 2. BE； 3. AE； 4. AC。

单选题解析

多选题解析

第2节 建筑安装工程费

复习要点

1. 按费用构成要素划分的建筑安装工程费用项目组成

建筑安装工程费按费用构成要素划分：由人工费、材料（包含工程设备，下同）费、施工机具使用费、企业管理费、利润、规费和增值税组成。其中人工费、材料费、施工机具使用费、企业管理费和利润包含在分部分项工程费、措施项目费、其他项目费中。

人工费	包括：	1）计时工资或计件工资	2）奖金	3）津贴补贴
		4）加班加点工资	5）特殊情况下支付的工资	
材料费	1）材料原价	2）运杂费		
	3）运输损耗费	4）采购及保管费		
施工机具使用费	1）施工机械使用费	2）仪器仪表使用费		
企业管理费	1）管理人员工资	2）办公费	3）差旅交通费	
	4）固定资产使用费	5）工具用具使用费	6）劳动保险和职工福利费	
	7）劳动保护费	8）检验试验费	9）工会经费	
	10）职工教育经费	11）财产保险费	12）财务费	
	13）税金	14）城市维护建设税	15）教育费附加	
	16）地方教育费附加	17）其他		
利润	利润是指施工单位从事建筑安装工程施工所获得的盈利			
规费	1）社会保险费	①养老保险费	②失业保险费	③医疗保险费
		④生育保险费	⑤工伤保险费	
	2）住房公积金			
税金	建筑安装工程费用中的税金是指国家税法规定的应计入建筑安装工程造价内的增值税销项税额			

2. 按造价形式划分的建筑安装工程费用项目组成

分部分项工程费	分部分项工程费是指各专业工程的分部分项工程应予列支的各项费用		
措施项目费	1）安全文明施工费	① 环境保护费	② 文明施工费
		③ 安全施工费	④ 临时设施费
	2）夜间施工增加费	3）二次搬运费	
	4）冬雨期施工增加费	5）已完工程及设备保护费	
	6）工程定位复测费	7）特殊地区施工增加费	
	8）大型机械设备进出场及安拆费	9）脚手架工程费	
其他项目费	1）暂列金额	① 建设单位在工程量清单中暂定并包括在工程合同价款中的一笔款项。② 用于施工合同签订时尚未确定或者不可预见的所需材料、工程设备、服务的采购，施工中可能发生的工程变更、合同约定调整因素出现时的工程价款调整以及发生的索赔、现场签证确认等的费用	
	2）计日工	在施工过程中，施工企业完成建设单位提出的施工图纸以外的零星项目或工作所需的费用	
	3）总承包服务费		

3. 建筑安装工程费用计算方法

人工费		Σ（工日消耗量×日工资单价）
材料费	材料费	Σ（材料消耗量×材料单价）
	工程设备费	Σ（工程设备量×工程设备单价）
施工机具使用费	施工机械使用费	Σ（施工机械台班消耗量×机械台班单价）
	仪器仪表使用费	工程使用的仪器仪表摊销费＋维修费
企业管理费费率	以分部分项工程费为计算基础	生产工人年平均管理费/年有效施工天数×人工单价×人工费占分部分项工程费比例（%）
	以人工费和机械费合计为计算基础	生产工人年平均管理费/［年有效施工天数×（人工单价＋每一工日机械使用费）］×100%
	以人工费为计算基础	生产工人年平均管理费/（年有效施工天数×人工单价）×100%
利润		利润在税前建筑安装工程费的比重可按不低于5%且不高于7%的费率计算。利润应列入分部分项工程和措施项目中
规费		Σ（工程定额人工费×社会保险费率和住房公积金费率）

一、单项选择题（每题的备选项中，只有1个最符合题意）

1. 施工企业采购的某建筑材料出厂价为 3500 元/t，运费为 400 元/t，运输损耗率为 2%，采购保管费率为 5%，则计入建筑安装工程材料费的该建筑材料单价为（　　）元/t。

　　A. 4176.9　　　　　　　　　　　B. 4173.0
　　C. 3748.5　　　　　　　　　　　D. 3745.0

2. 施工中发生的下列与材料有关的费用,属于建筑安装工程费中的材料费的是( )。
   A. 对原材料进行鉴定发生的费用
   B. 施工机械整体场外运输的辅助材料费
   C. 原材料的运输装卸过程中不可避免的损耗费
   D. 机械设备日常保养所需的材料费用

3. 施工企业向建设单位提供预付款担保生产的费用,属于( )。
   A. 财务费   B. 财产保险费
   C. 风险费   D. 办公费

4. 在施工过程中,承包人完成发包人提出的施工图纸以外的零星项目或工作所需的费用是指( )。
   A. 暂列金额   B. 措施项目费
   C. 暂估价   D. 计日工

5. 工程总承包人按照合同的约定对招标人依法单独发包的专业工程承包人提供了现场垂直运输设备,由此发生的费用属于( )。
   A. 总承包服务费   B. 现场管理费
   C. 企业管理费   D. 暂列金额

6. 在施工过程中承包人按发包人和设计方要求,对构件做破坏性试验的费用应在( )中列支。
   A. 承包人的措施项目费   B. 承包人的企业管理费
   C. 发包人的工程建设其他费 D. 发包人的企业管理费

7. 根据现行规定,施工企业为职工缴纳的工伤保险费,属于建筑安装工程费中的( )。
   A. 文明施工费   B. 劳动保险费
   C. 规费   D. 安全施工费

8. 根据《建筑安装工程费用和项目组成》,施工项目墙体砌筑所用的沙子在运输过程中不可避免的耗损,应计入( )。
   A. 企业管理费   B. 二次搬运费
   C. 材料费   D. 措施费

9. 根据《建筑安装工程费用项目组成》,施工中对建筑材料的一般鉴定、检查费用应计入建筑安装工程( )。
   A. 材料费   B. 规费
   C. 措施项目费   D. 企业管理费

10. 根据《建筑安装工程费用项目组成》,施工企业发生的下列费用中,应计入企业管理费的是( )。
    A. 劳动保险费   B. 医疗保险费
    C. 住房公积金   D. 养老保险费

11. 根据《建筑安装工程费用项目组成》,对超额劳动和增收节支而支付给个人的劳动报酬,应计入建筑安装工程费用人工费项目中的( )。

A. 奖金 B. 计时工资或计件工资
C. 津贴补贴 D. 特殊情况下支付的工资

12. 根据《建筑安装工程费用项目组成》，因病而按计时工资标准的一定比例支付的工资属于（　　）。

A. 特殊情况下支付的工资 B. 津贴补贴
C. 医疗保险费 D. 职工福利费

13. 根据《建筑安装工程费用项目组成》，施工企业为保障安全施工搭设的防护网的费用应计入建筑安装工程（　　）。

A. 材料费 B. 措施项目费
C. 规费 D. 企业管理费

14. 根据《建筑安装工程费用项目组成》，暂列金额可用于支付（　　）。

A. 施工中发生设计变更增加的费用
B. 业主提供了暂估价的材料采购费用
C. 因承包人原因导致隐蔽工程质量不合格的返工费用
D. 因施工缺陷造成的工程维修费用

15. 下列费用中不属于社会保障费的是（　　）。

A. 养老保险费 B. 失业保险费
C. 医疗保险费 D. 住房公积金

16. 下列费用中不属于建筑安装工程中企业管理费的是（　　）。

A. 社会保险费 B. 房产税
C. 城市维护建设税 D. 教育费附加

17. 建筑单位发放的工作服属于下列哪项费用（　　）。

A. 规费 B. 人工费
C. 措施项目费 D. 企业管理费

18. 施工现场设立的安全警示标志、现场围挡等所需的费用应计入（　　）费用。

A. 分部分项工程 B. 规费项目
C. 措施项目 D. 其他项目

19. 根据《建筑安装工程费用项目组成》，工程施工中所使用的仪器仪表维修费应计入（　　）。

A. 施工机具使用费 B. 工具用具使用费
C. 固定资产使用费 D. 企业管理费

20. 按费用构成要素划分，人工费是指（　　）。

A. 施工现场所有人员的工资性费用
B. 施工现场与建筑安装施工直接相关的人员的工资性费用
C. 从事建筑安装施工的生产工人及机械操作人员开支的各项费用
D. 直接从事建筑安装工程施工的生产工人开支的各项费用

21. 企业管理费是指建筑安装企业组织施工生产和经营管理所需的费用。下列不属于企业管理费的是（　　）。

A. 办公费 B. 管理人员基本工资

C. 环境保护费 D. 固定资产使用费

22. 下列不属于建筑安装工程费的是（　　）。
   A. 分部分项工程费 B. 措施项目费
   C. 规费 D. 工程造价咨询费

23. 根据《建筑安装工程费用项目组成》，下列费用项目，属于施工机具使用费的是（　　）。
   A. 仪器仪表使用费 B. 施工机械财产保险费
   C. 大型机械进出费 D. 大型机械安拆费

24. 关于规费的计算，下列说法正确的是（　　）。
   A. 规费虽具有强制性，但根据其组成又可以细分为可竞争性的费用和不可竞争性的费用
   B. 规费由社会保险费和工程排污费组成
   C. 社会保险费由养老保险费、失业保险费、医疗保险费、生育保险费、工伤保险费组成
   D. 规费由意外伤害保险费、住房公积金、工程排污费组成

25. 根据《建筑安装工程费用项目组成》的规定，下列费用中属于安全文明施工费的是（　　）。
   A. 夜间施工时发生的夜班补助费 B. 临时设施清理费
   C. 脚手架搭、拆费用 D. 夜间施工照明

26. 下列费用中属于规费的是（　　）。
   A. 文明施工费 B. 临时设施费
   C. 养老保险费 D. 职工教育经费

27. 教育费附加的征收率是（　　）。
   A. 1% B. 2%
   C. 3% D. 5%

28. 措施费是指为完成工程项目施工，发生于该工程施工前和施工过程的（　　）项目的费用。
   A. 单位工程 B. 单项工程
   C. 工程实体 D. 非工程实体

29. 根据《建筑安装工程费用组成》中，材料二次搬运费应计入（　　）。
   A. 直接工程费 B. 措施费
   C. 企业管理费 D. 规费

30. 甲建筑企业为增值税一般纳税人，2016 年 6 月 1 日以清包工方式承接了某县的住宅楼工程，税前造价为 2000 万（包含增值税进项税额的含税价格），若该企业采用简易计税的方法，则应缴纳的增值税为（　　）万元。
   A. 220.0 B. 198.2
   C. 58.3 D. 60.0

31. 某施工机械预算价格为 100 万元，折旧年限为 10 年，年平均工作 225 个台班，残值率为 4%，该机械台班折旧费为（　　）万元。

A. 426.67 B. 216
C. 96 D. 3.84

32. 根据《建筑安装工程费用项目组成》的规定，下列表述正确的是（　　）。
    A. 计算人工费的基本要素是人工工日消耗量
    B. 材料费中的材料单价由材料原价、材料运杂费、材料损耗费、采购及保管费五项组成
    C. 材料费包含构成或计划构成永久工程一部分的工程设备费
    D. 施工机具使用费不包含仪器仪表的租赁费

33. 施工现场项目经理的医疗保险费应计入（　　）费用。
    A. 人工费 B. 社会保险费
    C. 劳动保险费 D. 企业管理费

34. 关于建筑安装工程费用中的规费，下列说法错误的是（　　）。
    A. 规费是由省级政府和省级有关权力部门规定必须缴纳或计取的费用
    B. 规费包括社会保险费、住房公积金
    C. 社会保险费中包括财产保险
    D. 投标人在投标报价时填写的规费不可高于规定的标准

35. 根据《建筑安装工程费用项目组成》的规定，下列有关费用的表述不正确的是（　　）。
    A. 人工费是指支付给直接从事建筑安装工程施工作业的生产工人的各项费用
    B. 材料费中的材料单价由材料原价、材料运杂费、材料损耗费、采购及保管费五项组成
    C. 材料费包含构成或计划构成永久工程一部分的工程设备费
    D. 施工机具使用费包含仪器仪表使用费

36. 关于建筑安装工程费中材料费的说法，正确的是（　　）。
    A. 材料费包括原材料、辅助材料、构配件、零件、半成品、周转材料的费用
    B. 材料消耗量是指形成工程实体的净用量
    C. 材料检验试验费不包括对构件做破坏性试验的费用
    D. 材料费等于材料消耗与材料基价的乘积

37. 下列费用项目，不属于企业管理费的是（　　）。
    A. 社会保险费 B. 劳动保护费
    C. 检验试验费 D. 劳动保险和职工福利费

38. 夏季防暑降温费属于（　　）。
    A. 人工费 B. 措施费
    C. 规费 D. 企业管理费

39. 根据《建筑安装工程费用的组成》项目按两种不同的方式划分，即（　　）。
    A. 按项目规模划分和按投资金额划分
    B. 按费用构成要素划分和按出资形式划分
    C. 按项目规模划分和按出资形式划分
    D. 按费用构成要素划分和按造价形成划分

40. 根据《建筑安装工程费用的组成》，下列属于规费的是（　　）。
    A. 劳动保险费　　　　　　　　B. 环境保护费
    C. 生育保险费　　　　　　　　D. 文明施工费

41. 下列属于企业管理费的是（　　）。
    A. 企业按规定标准为职工缴纳的基本医疗保险费
    B. 企业按规定标准为职工缴纳的住房公积金
    C. 企业按规定缴纳的房产税
    D. 企业按规定缴纳的施工现场环境保护费

42. 根据《建筑安装工程费用项目组成》，下列费用项目属于按造价形成划分的是（　　）。
    A. 人工费　　　　　　　　　　B. 企业管理费
    C. 利润　　　　　　　　　　　D. 税金

43. 下列属于安全文明施工费的是（　　）。
    A. 夜间施工增加费　　　　　　B. 临时设施费
    C. 冬、雨期施工增加费　　　　D. 二次搬运费

44. 根据《建筑安装工程费项目组成》的规定，下列费用应列入暂列金额的是（　　）。
    A. 施工过程中可能发生的工程变更及索赔、现场签证等费用
    B. 应建设单位要求，完成建设项目之外的零星项目费用
    C. 对建设单位自行采购的材料进行保管所发生的费用
    D. 施工用电、用水的开办费

45. 小规模纳税人提供应税服务适用（　　）计税。
    A. 简易计税方法　　　　　　　B. 简单计税方法
    C. 一般计税方法　　　　　　　D. 复杂计税方法

46. 简易计税方法与一般计税方法相比，计税基数的差异是（　　）。
    A. 税前造价
    B. 人工费、材料费、施工机具使用费、企业管理费、利润和规费之和
    C. 执行营业税改征增值税试点实施办法
    D. 各费用项目均以包含增值税进项税额的含税价格计算

47. 某市属建筑公司收到某县城工程一笔税前1000万元（不包含增值税可抵扣的进项税额）的进度款，当采用一般计税方法时，该工程造价为（　　）万元。
    A. 30　　　　　　　　　　　　B. 110
    C. 1030　　　　　　　　　　　D. 1090

48. 下列不能作为企业管理费计算基数的是（　　）。
    A. 人工费　　　　　　　　　　B. 人工费和机具费的合计
    C. 人工费、材料费和机具费的合计　D. 直接费

49. 下列不属于安全文明施工费的计算基数的是（　　）。
    A. 定额人工费＋定额材料费
    B. 定额分部分项工程费＋定额中可以计量的措施费

C. 定额人工费

D. 定额人工费与施工机具使用费之和

50. ★〔2020年陕西〕根据《建筑安装工程费用项目组成》（建标〔2013〕44号）文件的规定，对构件和建筑安装物进行一般鉴定和检查所发生的费用列入（　　）。

　　A. 材料费　　　　　　　　　　B. 措施费
　　C. 研究试验费　　　　　　　　D. 企业管理费

二、多项选择题（每题的备选项中，有2个或2个以上符合题意，至少有1个错项）

1. 下列费用中，属于建筑安装工程人工费的有（　　）。

　　A. 生产工人的技能培训费用　　B. 生产工人的流动施工津贴
　　C. 生产工人的增收节支奖金　　D. 项目管理人员的计时工资
　　E. 生产工人在法定节假日的加班工资

2. 按照造价形成划分，下列各项中属于措施项目费的有（　　）。

　　A. 夜间施工增加费　　　　　　B. 文明施工费
　　C. 冬雨期施工增加费　　　　　D. 总承包服务费
　　E. 劳动保险费

3. 施工机械使用费包括（　　）。

　　A. 安拆费及场外运费　　　　　B. 安全施工费
　　C. 机上司机的人工费　　　　　D. 车船使用税费
　　E. 仪器仪表使用费

4. 按照造价形成划分，建筑安装工程费中的其他项目费包括（　　）。

　　A. 暂估价　　　　　　　　　　B. 待摊费
　　C. 暂列金额　　　　　　　　　D. 总承包服务费
　　E. 计日工

5. 按照造价形成划分的建筑安装工程费用中，暂列金额主要用于（　　）。

　　A. 施工中可能发生的工程变更的费用
　　B. 总承包人为配合发包人进行专业工程发包产生的服务费用
　　C. 施工合同签订时尚未确定的工程设备采购的费用
　　D. 工程施工中合同约定调整因素出现时工程价款调整的费用
　　E. 在高海拔特殊地区施工增加的费用

6. 根据《建筑安装工程费用项目组成》，应计入措施项目费的有（　　）。

　　A. 二次搬运费　　　　　　　　B. 脚手架费
　　C. 夜间施工增加费　　　　　　D. 施工机械大修理费
　　E. 已完工程及设备保护费

7. 根据《建筑安装工程费用项目组成》，下列应计入建筑安装工程材料费的有（　　）。

　　A. 材料原价　　　　　　　　　B. 材料的运输损耗费
　　C. 库存材料盘亏　　　　　　　D. 材料运杂费
　　E. 新型材料试验费

8. 下列属于施工机具使用费的是（　　）。

A. 折旧费 B. 维护费
C. 燃料动力费 D. 检验试验费
E. 安拆费

9. 下列属于措施项目费的是(　　)。
A. 文明施工费 B. 二次搬运费
C. 设备购置费 D. 企业管理费
E. 脚手架工程费

10. 建筑安装工程费用项目组成中，暂列金额主要用于(　　)。
A. 施工合同签订时尚未确定的材料设备采购费用
B. 施工图纸以外的零星项目所需的费用
C. 隐藏工程二次检验的费用
D. 施工中可能发生的工程变更价款调整的费用
E. 项目施工现场签证确认的费用

11. 按照费用构成要素划分的规定，下列费用项目应列入材料费的有(　　)。
A. 周转材料的摊销、租赁费用
B. 材料运输损耗费用
C. 施工企业对材料进行一般鉴定，检查发生的费用
D. 材料运杂费中的增值税进项税额
E. 材料采购及保管费用

12. 根据《建筑安装工程费用项目组成》，下列费用项目中，属于建筑安装工程企业管理费的有(　　)。
A. 仪器仪表使用 B. 工具用具使用
C. 建筑安装工程一切险 D. 地方教育附加费
E. 劳动保险费

13. 根据《建筑安装工程费用项目组成》，下列施工企业发生的费用中，计入企业管理费的是(　　)。
A. 建筑材料、构件一般性鉴定检查费
B. 支付给企业离休干部的经费
C. 住房公积金
D. 履约担保所发生的费用
E. 施工生产用仪器仪表使用费

14. 施工机械台班单价组成包括(　　)。
A. 预算价格 B. 大修理费
C. 经常修理费 D. 安拆费及场外运输费
E. 燃料动力费

15. 临时设施费用包括(　　)等费用。
A. 临时设施的搭设 B. 照明设施的搭设
C. 临时设施的维修 D. 临时设施的拆除
E. 摊销费

16. 下列费用项目中，应计入人工费的有（　　）。
    A. 计件工资　　　　　　　　B. 出差补助费
    C. 劳动保护费　　　　　　　D. 流动施工津贴
    E. 集体福利费

17. 根据《建筑安装工程费用项目组成》，下列费用项目计入人工费的有（　　）。
    A. 节约奖　　　　　　　　　B. 流动施工津贴
    C. 高温作业临时津贴　　　　D. 劳动保护费
    E. 探亲假期间工资

18. 根据《建筑安装工程费项目组成》，企业管理费中的税金主要包括（　　）。
    A. 营业税　　　　　　　　　B. 房产税
    C. 车船使用费　　　　　　　D. 土地使用税
    E. 印花税

19. 属于分部分项工程费的是（　　）。
    A. 人工费　　　　　　　　　B. 企业管理费
    C. 材料费　　　　　　　　　D. 利润
    E. 规费

20. 根据《建筑安装工程费用项目组成》，下列关于措施项目费用的说法正确的是（　　）。
    A. 冬雨期施工费是冬、雨期施工增加的临时设施，防滑处理，雨雪排除等费用
    B. 文明施工费是指施工现场安全施工所需要的各项费用
    C. 计日工是指在施工过程中施工企业完成施工图纸以外的零星项目所需的费用
    D. 脚手架工程费是指施工需要的各种脚手架搭、拆、运输费用以及脚手架购置费的摊销（租赁）费用
    E. 已完工程及设备保护费是指分部工程或结构部位验收前，对已完工程及设备采取必要保护措施所发生的费用

21. 根据《建筑安装工程费用项目组成》，下列属于社会保险费的是（　　）。
    A. 住房公积金　　　　　　　B. 养老保险费
    C. 失业保险费　　　　　　　D. 医疗保险费
    E. 工伤保险费

22. 根据《建筑安装工程费用项目组成》，下列属于企业管理费内容的是（　　）。
    A. 企业管理人员办公用的文具、纸张等费用
    B. 企业施工生产和管理使用的属于固定资产的交通工具的购置、维修费
    C. 对建筑以及材料、构件和建筑安装进行特殊鉴定检查所发生的检验试验费
    D. 按全部职工工资总额比例计提的工会经费
    E. 为施工生产筹集资金、履约担保所发生的财务费用

23. 下列费用中属于企业管理费中检验试验费的是（　　）。
    A. 建筑材料一般鉴定、检查所发生的费用
    B. 施工机具一般鉴定、检查所发生的费用
    C. 构件一般鉴定、检查所发生的费用

D. 建筑物一般鉴定、检查所发生的费用

E. 安装物一般鉴定、检查所发生的费用

24. 下列属于建筑安装工程费企业管理费中税金的是(　　)。

  A. 增值税   B. 教育费附加

  C. 土地使用税   D. 增值税销项税额

  E. 消费税

25. 根据《建筑安装工程费用项目组成》，下列各项属于企业管理费的有(　　)。

  A. 管理人员工资   B. 固定资产使用费

  C. 工伤保险   D. 劳动保护费

  E. 教育费附加

26. 建筑安装工程材料费包括(　　)。

  A. 材料原价   B. 材料运杂费

  C. 采购与保管费   D. 检验试验费

  E. 工程设备

27. 建筑安装工程费按费用构成要素划分为(　　)。

  A. 施工机具使用费   B. 材料费

  C. 风险费用   D. 利润

  E. 税金

28. 当一般纳税人采用一般计税方法时，办公费中增值税进项税额的抵扣原则为(　　)。

  A. 以销售货物适用的相应税率扣减，购进图书、报纸、杂志适用的税率为13%

  B. 以购进货物适用的相应税率扣减，接受邮政和基础电信服务适用税率为13%

  C. 以购进货物适用的相应税率扣减，接受增值电信服务适用的税率为3%

  D. 以购进货物适用的相应税率扣减，购进图书、报纸、杂志适用的税率为9%

  E. 以购进货物适用的相应税率扣减，接受邮政和基础电信服务适用税率为9%

29. 在确定计价定额中的利润时，可作为计算基础的是(　　)。

  A. 定额人工费

  B. 定额材料费

  C. 定额人工费与施工机具使用费之和

  D. 定额材料费与施工机具使用费之和

  E. 定额人工费、施工机具使用费、规费之和

答案与解析

一、单项选择题

1. A； 2. C； 3. A； 4. D； 5. A； 6. C； 7. C； 8. C； 9. D； 10. A；
11. A； 12. A； 13. B； 14. A； 15. D； 16. A； 17. D； 18. C； 19. C； 20. D；
21. C； 22. D； 23. A； 24. C； 25. B； 26. C； 27. C； 28. D； 29. B； 30. D；
31. D； 32. C； 33. B； 34. C； 35. B； 36. C 37. A； 38. D； 39. D； 40. C；

41. C； 42. D； 43. B； 44. A； 45. A； 46. D； 47. D； 48. C； 49. A； 50. D。

二、多项选择题

1. BCE； 2. ABC； 3. ACD； 4. CDE； 5. ACD； 6. ABCE； 7. ABD；
8. ABCE； 9. ABE； 10. ADE； 11. ABE； 12. BDE； 13. ABD； 14. BCDE；
15. ACDE； 16. AD； 17. ABCE； 18. BCDE； 19. BE； 20. AD 21. BCDE；
22. ADE； 23. ACDE； 24. BC； 25. ABDE； 26. ABCE； 27. ABDE； 28. DE；
29. AC。

单选题解析

多选题解析

第3节 设备及工器具购置费

复习要点

1. 设备购置费构成和计算

设备购置费是指购置或自制的达到固定资产标准的设备、工器具及生产家具等所需的费用，由设备原价和设备运杂费构成。

$$设备购置费 = 设备原价 + 设备运杂费$$

设备原价指国内采购设备的出厂（场）价格，或国外采购设备抵岸价格；设备运杂费是指设备原价中未包括的包装材料费、运输费、装卸费、采购费及仓库保管费、供销部门手续费等。

（1）国产设备原价

国产设备原价一般指的是设备制造厂的工厂交货价（出厂价）。

国产设备原价分为国产标准设备原价和国产非标准设备原价。

1) 相关国产标准设备生产，批量生产，符合国家质量检测标准设备。完善的设备交易市场，通过查询相关交易市场价格或向设备生产厂家询价得到。

2) 相关国产非标准设备，常用的计价方法有成本计算估价法、系列设备插入估价法、分部组合估价法、定额估价法等。

（2）进口设备抵岸价的构成及计算

1) 进口设备货价：一般指装运港船上交货价（离岸价 FOB）

2) 国外运费＝离岸价×运费率 或 国外运费＝运量×单位运价

3) 运输保险费＝(FOB＋国际运费)×运输保险费率／(1－运输保险费率)
   ＝(FOB＋国际运费＋运输保险费)×保险费率

4) 银行财务费＝离岸价×银行财务费率

5) 外贸手续费＝到岸价×外贸手续费率

到岸价＝离岸价＋国外运费＋国外运输保险费

6) 进口关税＝到岸价(CIF)×进口关税率

7) 消费税＝(CIF＋关税)×消费税率／(1－消费税率)
   　　＝(CIF＋关税＋消费税)×消费税率

8) 增值税＝(CIF＋关税＋消费税)×增值税率

	运输	保险	出口手续	进口手续	风险转移	交货地点
FOB	买方	买方	卖方	买方	装港货物置于船上	装运港船上
CFR	卖方	买方	卖方	买方	装港货物置于船上	装运港船上
CIF	卖方	卖方	卖方	买方	装港货物置于船上	装运港船上

(3) 设备运杂费

1) 设备运杂费的构成

运费和装卸费	国产设备：交货地点至工地仓库。 进口设备：我国到岸港口或边境车站至工地仓库
包装费	在设备原价中没有包含的，为运输而进行包装所支出的各种费用
设备供销部门手续费	按有关部门规定的统一费率计算
采购与仓库保管费	包括设备采购人员、保管人员和管理人员的工资、工资附加费、办公费、差旅交通费，设备供应部门办公和仓库所占固定资产使用费、工具用具使用费、劳动保护费、检验试验费等

2) 设备运杂费的计算

　　　　设备运杂费 ＝ 设备原价 × 设备运杂费率

2. 工具、器具及生产家具购置费的构成和计算

此项费用：是指新建或扩建项目初步设计规定的，保证初期正常生产必须购置的没有达到固定资产标准的设备、仪器、工卡模具、器具、生产家具和备品备件的费用。

　　　　工器具及生产家具购置费 ＝ 设备购置费 × 定额费率(％)

一、单项选择题（每题的备选项中，只有1个最符合题意）

1. 采用装运港船上交货价的进口设备，估算其购置费时，货价按照（　　）计算。
   A. 出厂价　　　　　　　　B. 到岸价
   C. 抵岸价　　　　　　　　D. 离岸价

2. 某进口设备的离岸价为20万美元，到岸价为22万美元，人民币与美元的汇率为8.3∶1，进口关税率为7％，则该设备的进口关税为（　　）万元人民币。
   A. 1.54　　　　　　　　　B. 2.94
   C. 11.62　　　　　　　　 D. 12.78

3. 进口产品增值税额的计税基数为（　　）。
   A. 离岸价×人民币外汇牌价＋进口关税＋消费税
   B. 离岸价×人民币外汇牌价＋进口关税＋外贸手续费
   C. 到岸价×人民币外汇牌价＋外贸手续费＋银行财务费

D. 到岸价×人民币外汇牌价＋进口关税＋消费税

4. 按人民币计算，某进口设备的离岸价1000万元，到岸价1050万元，银行财务费5万元，外贸手续费费率为1.5%，则设备的外贸手续费为（　　）万元。
   A. 15.00
   B. 15.75
   C. 16.65
   D. 17.33

5. 按人民币计算，某进口设备离岸价为2000万元，到岸价为2100万元，银行财务费为10万元，外贸手续费为30万元，进口关税为147万元。增值税税率为9%，不考虑消费税和海关监管手续费，则该设备的抵岸价为（　　）万元。
   A. 2551.99
   B. 2644.00
   C. 2651.99
   D. 2489.23

6. 按人民币计算，某进口设备的离岸价为1000万元，到岸价为1050万元，关税为105万元，银行财务费率为0.5%，则该设备的银行财务费为（　　）万元。
   A. 5.00
   B. 5.25
   C. 5.33
   D. 5.78

7. 某采用装运港船上交货价的进口设备，按人民币计算，货价为1000万元，国外运费为90万元，国外运输保险费为10万元，进口关税为150万元。则该设备的到岸价为（　　）万元。
   A. 1090
   B. 1100
   C. 1150
   D. 1250

8. 编制设计概算时，国产标准设备的原价一般选用（　　）。
   A. 不含备件的出厂价
   B. 设备制造厂的成本价
   C. 带有备件的出厂价
   D. 设备制造厂的出厂价加运杂费

9. 某企业拟进口成套机电设备。离岸价折合人民币为1830万元，国际运费和国外运输保险费为22.53万元，银行手续费为15万元，关税税率为22%，增值税税率为13%，则该进口设备的增值税为（　　）万元。
   A. 362.14
   B. 293.81
   C. 356.86
   D. 296.40

10. 国际贸易双方约定费用划分与风险转移均以货物在装运港被装上指定船只时为分界点，该种交易价格称为（　　）。
    A. 离岸价
    B. 运费在内价
    C. 到岸价
    D. 抵岸价

11. 关于国产设备运杂费估算的说法，正确的是（　　）。
    A. 国产设备运杂费包括由设备制造厂交货地点运至工地仓库所发生的运费
    B. 国产设备运至工地后发生的装卸费不应包括在运杂费中
    C. 运杂费在计算时不区分沿海和内陆，统一按运输距离估算
    D. 工程承包公司采购设备的相关费用不应计入运杂费

12. 关于进口设备到岸价的构成及计算，下列公式正确的是（　　）。
    A. 到岸价＝离岸价＋运输保险费
    B. 到岸价＝离岸价＋进口从属费

C. 到岸价＝运费在内价＋运输保险费

D. 到岸价＝运输在内费＋进口从属费

13. 某进口设备到岸价为1500万元，银行财务费，外贸手续费合计36万元。关税300万元，消费税和增值税税率分别为10％、13％，则该进口设备原价为（　　）万元。

　　A. 2386.8　　　　　　　　　　　B. 2296.0

　　C. 2362.0　　　　　　　　　　　D. 2352.6

14. 进口设备的原价是指进口设备的（　　）。

　　A. 到岸价　　　　　　　　　　　B. 抵岸价

　　C. 离岸价　　　　　　　　　　　D. 运费在内价

15. 某批进口设备离岸价格为1000万元人民币，国际运费为100万元人民币，运输保险费费率为1％。则该批设备运输保险费应为（　　）万元人民币。

　　A. 11.00　　　　　　　　　　　　B. 111.00

　　C. 11.01　　　　　　　　　　　　D. 11.11

16. 已知某进口设备到岸价格为80万美元，进口关税税率为15％，增值税税率为13％，银行外汇牌价为1美元＝6.30元人民币。按以上条件计算的进口环节增值税额是（　　）万元人民币。

　　A. 72.83　　　　　　　　　　　　B. 85.68

　　C. 75.35　　　　　　　　　　　　D. 118.71

17. 下列费用项目中，属于工器具及生产家具购置费计算内容的是（　　）。

　　A. 未达到固定资产标准的设备购置费

　　B. 达到固定资产标准的设备购置费

　　C. 引进设备时备品备件的测绘费

　　D. 引进设备的专利使用费

18. 下列关于进口设备原价的构成及其计算，说法正确的是（　　）。

　　A. 进口设备原价是指进口设备的到岸价

　　B. 进口设备到岸价由离岸价和进口从属费构成

　　C. 关税完税价格由离岸价＋国际运费＋国际运输保险费组成

　　D. 关税不作为进口环节增值税计税价格的组成部分

19. 国产设备原价一般是指（　　）。

　　A. 设备预算价格　　　　　　　　B. 设备制造厂交货价

　　C. 出厂价与运费、装卸费之和　　D. 设备购置费

20. 未达到固定资产标准的工器具购置费的计算基数一般为（　　）。

　　A. 工程建设其他费　　　　　　　B. 建设安装工程费

　　C. 设备购置费　　　　　　　　　D. 设备及安装工程费

21. 下列项目中属于设备运杂费中运费和装卸费的是（　　）。

　　A. 国产设备由设备制造厂交货地点起至工地仓库止所发生的运费

　　B. 进口设备由设备制造厂交货地点起至工地仓库止所发生的运费

　　C. 为运输而进行的包装支出的各种费用

　　D. 进口设备由设备制造厂交货地点起至施工组织设计指定的设备堆放地点止所发

生的运费

22. 已知某进口工程设备 FOB 为 50 万美元，美元与人民币汇率为 1:8，银行财务费率为 0.2%，外贸手续费率为 1.5%，关税税率为 10%，增值税为 17%。若该进口设备抵岸价为 586.7 万元人民币，则该进口工程设备到岸价为（　　）万元人民币。

  A. 406.8   B. 450.0
  C. 456.0   D. 586.7

23. 进口设备的原价是指进口设备的（　　）。

  A. 到岸价   B. 抵岸价
  C. 离岸价   D. 运费在内价

24. 已知进口设备货价为 500 万美元，美元与人民币的汇率为 1:6.2，国际运费率为 10%，运输保险费率为 5‰，银行财务费率为 0.5%，则该进口设备的银行财务费为（　　）万元人民币。

  A. 17.95   B. 15.50
  C. 17.05   D. 17.90

25. 在计算进口设备原价时，下列各项费用中应采用到岸价作为计算基数的是（　　）。

  A. 消费税   B. 车辆购置税
  C. 关税   D. 银行财务费

26. 某进口设备，按人民币计算的离岸价为 200 万元到岸价为 250 万元，进口关税率为 10%，增值税率为 17%，无消费税。该进口设备应纳的增值税额为（　　）万元。

  A. 34.00   B. 37.40
  C. 42.50   D. 46.75

27. 国产非标准设备原价的确定可采用（　　）等方法。

  A. 概算指标法和定额估价法   B. 成本计算估价法和概算指标法
  C. 分部组合估价法和百分比法   D. 成本计算估价法和分部组合估价法

28. 某进口设备通过海洋运输，到岸价为 972 万元，国际运费 88 万元，海上运输保险费率 3‰，则离岸价为（　　）万元。

  A. 854.84   B. 883.74
  C. 1063.18   D. 1091.90

29. 已知某进口设备，在进口环节中缴纳的关税为 35 万元，若该进口设备适用的关税税率为 18%，增值税率为 13%，则应缴纳的增值税为（　　）万元。

  A. 29.17   B. 34.31
  C. 29.83   D. 40.49

二、多项选择题（每题的备选项中，有 2 个或 2 个以上符合题意，至少有 1 个错项）

1. 估算设备工器具购置费时，国产标准设备运杂费的构成包括（　　）。

  A. 交货地点至工地仓库的运费和装卸费
  B. 设备出厂价格中未包含的包装材料费
  C. 供销部门手续费
  D. 采购与仓库保管费

E. 设备进场费

2. 某建设工程项目购置的进口设备采用装运港船上交货价，属于买方责任的是(　　)。
    A. 负责租船、支付运费，并将船期、船名通知卖方
    B. 按照合同约定在规定的期限内将货物装上船只
    C. 办理在目的港的进口和收货手续
    D. 接受卖方提供的装运单据并按合同约定支付货款
    E. 承担货物装船前的一切费用和风险

3. 构成进口设备原价的费用计算中，应以到岸价为计算基数的是(　　)。
    A. 国际运费   B. 进口环节增值税
    C. 银行财务费   D. 外贸手续费
    E. 进口关税

4. 计算设备进口环节增值税时，作为计算基数的计税价格包括(　　)。
    A. 外贸手续费   B. 关税完税价格
    C. 设备运杂费   D. 关税
    E. 消费税

5. 下列费用中应计入设备运杂费的有(　　)。
    A. 设备保管人员的工资
    B. 设备采购人员的工资
    C. 设备自生产厂家运至工地仓库的运费、装卸费
    D. 运输中的设备 包装支出
    E. 设备仓库所占用的固定资产使用费

6. 关于设备运杂费的构成及计算的说法，正确的是(　　)。
    A. 运费和装卸费是由设备制造厂交货地点至施工安装作业面所发生的费用
    B. 进口设备运杂费是由我国到岸港口或边境车站至工地仓库所发生的费用
    C. 原价中没有包含的、为运输而进行包装所支出的各种费用应计入包装费
    D. 采购与仓库保管费不含采购人员和管理人员的工资
    E. 设备运杂费为设备原价与设备运杂费率的乘积

7. 进口设备的交货类型分为(　　)。
    A. 海上交货类   B. 内陆交货类
    C. 目的地交货类   D. 装运港交货类
    E. 生产地交货类

8. 某建设工程项目需从国外进口设备，应计入该设备运杂费的是(　　)。
    A. 设备安装前在工地仓库的保管费   B. 国外运费
    C. 建设单位的采购与仓库保管费   D. 国外运输保险费
    E. 按规定交纳的增值税

9. 设备购置费由(　　)构成。
    A. 设备原价   B. 采购保管费
    C. 设备到岸价   D. 设备安装费

E. 设备运杂费

10. 下列费用项目中，应计入进口材料运杂费的是（　　）。
    A. 国际运费
    B. 设备供销部门的手续费
    C. 国际运输保险费
    D. 采购与仓库保管费
    E. 进口环节增值税

11. 设备运杂费包括（　　）。
    A. 运费和装卸费
    B. 包装费
    C. 设备供销部门手续费
    D. 采购保管费
    E. 设备增值税

12. 下列进口从属费用中，以"到岸价＋关税＋消费税"为基数，乘以各自给定费（税）率进行计算的有（　　）。
    A. 进口环节增值税
    B. 关税
    C. 银行财务费
    D. 外贸手续费
    E. 车辆购置税

13. 在国产非标准设备原价计算时，常用的计算方法包括（　　）。
    A. 系列设备插入估价法
    B. 实物量法
    C. 分部组合估价法
    D. 定额估价法
    E. 比例估算法

14. 下列有关进口设备原价的构成与计算中，说法正确的是（　　）。
    A. 运输保险费＝CIF×保险费率
    B. 消费税＝(CIF＋关税＋消费税)×消费税税率
    C. 银行财务费＝CIF×银行财务费率
    D. 关税＝关税的完税价格×关税税率
    E. 增值税＝[(CIF＋关税)/(1－消费税税率)]×增值税税率

15. 国际贸易中，较为广泛使用的交易价格术语有（　　）。
    A. IRR
    B. FOB
    C. CFR
    D. NPV
    E. CIF

16. ★[2020年重庆] 设备购置费应包括（　　）。
    A. 原价
    B. 运杂费
    C. 材料试验费
    D. 单机试车费
    E. 办公和生活家具购置费

答案与解析

一、单项选择题

1. D；　2. D；　3. D；　4. B；　5. D；　6. A；　7. B；　8. C；　9. B；　10. A；
11. A；　12. C；　13. B；　14. B；　15. D；　16. C；　17. A；　18. C；　19. B；　20. C；
21. A；　22. B；　23. B；　24. B；　25. C；　26. D；　27. D；　28. A；　29. C。

二、多项选择题

1. ABCD； 2. ACD； 3. DE； 4. BDE； 5. ABDE； 6. CE； 7. BCD；
8. AC； 9. AE； 10. BD； 11. ABCD； 12. AE； 13. ACD； 14. ABDE；
15. BCE； 16. AB。

单选题解析

多选题解析

第4节　工程建设其他费用

复习要点

1. 土地使用费及其他补偿费

取得土地使用权的方式有出让、划拨和转让三种方式。

（1）农村土地征用费

征用耕地的补偿费用包括土地补偿费、安置补助费以及地上附着物和青苗的补偿费。

（2）取得国有土地使用费

取得国有土地使用费包括土地使用权出让金、城市建设配套费、房屋征收与补偿费等。

2. 与项目建设有关的其他费用

费用构成	具体内容
建设管理费	① 建设单位管理费：建设单位发生的管理性质的开支。 ② 工程监理费：建设单位委托工程监理单位实施工程监理的费用
可行性研究费	投资决策阶段，对有关建设方案、技术方案或生产经营方案进行技术经济论证、编制和评审可研报告所需的费用
专项评价费	①环境影响评价及验收费；②安全预评价及验收费；③职业病危害预评价及控制效果评价费；④地震安全性评价费；⑤地质灾害危险性评价费；⑥水土保持评价及验收费；⑦压覆矿产资源评价费；⑧节能评估费；⑨危险与可操作性分析及安全完整性评价费；⑩其他专项评价及验收费；⑪其他专项评价及验收费
研究试验费	研究试验费为建设项目提供和验证设计参数、数据、资料等进行试验及验证的费用。 在计算时要注意不应包括下列项目： ① 应由科技三项费用开支的项目：新产品试制费、中间试验费和重要科学研究补助费。 ② 应在建筑安装费用中列支的施工企业对建筑材料、构件和建筑物进行一般鉴定、检查所发生的费用及技术革新的研究试验费。 ③ 应由勘察设计费或工程费用中开支的项目
勘察设计费	此项费用实行市场调节价

续表

费用构成	具体内容
场地准备费及临时设施费	1）场地准备及临时设施费的内容：①场地准备费；②建设单位的临时设施费。 2）场地准备及临时设施费的计算： ① 应尽量与永久性工程统一考虑。建设场地的大型土石方工程应进入工程费用中的总运输费用中。 ② 新建项目应根据实际工程量估算，或按工程费用的比例计算。改扩建项目一般只计拆除清理费。 设施费＝工程费用×费率＋拆除清理费 ③ 发生拆除清理费时可按新建同类工程造价或主材费、设备费的比例计算。凡可回收材料的拆除工程费用以料抵工方式冲抵拆除清理费。 ④ 此项费用不包括已列入建筑工程安装费用中的施工单位临时设施费用
引进技术和进口设备材料其他费用	① 出国人员费用； ② 国外工程技术人员来华费用； ③ 技术引进费； ④ 分期或延期付款利息； ⑤ 担保费； ⑥ 进口设备检验费用
特殊设备安全监督检验费	① 在施工现场安装的列入国家特种设备范围内的设备检验检测和监督检查所发生的应列入项目开支的费用。 ② 按省、市、自治区安全监察部门的规定标准计算，无规定的，可按受检设备现场安装费的比例计算
工程保险费	工程保险费包括建筑安装工程一切险、工程质量保险、进口设备财产保险和人身意外伤害险等
专利及专有技术使用费	专利及专有技术使用费是指在建设期内取得专利、专有技术、商标、荣誉和特许经营的所有权或使用权发生的费用

3. 与未来生产经营有关的其他费用

联合试运转费	1）联合试运转费是指新建项目或新增加生产能力的工程项目，在交付生产前按照批准的设计文件所规定的工程质量标准和技术要求，对整个生产线或装置进行负荷联合试运转所发生的费用净支出（试运转支出大于收入的差额部分费用）。 2）试运转支出包括原材料、燃料及动力消耗、低值易耗品、其他物料消耗、工具用具使用费、机械使用费、保险金、施工单位参加试运转人员工资及专家指导费。 3）不包括应由设备安装工程费用开支的调试及试车费用，以及在试运转中暴露出来的因施工原因或设备缺陷等发生的处理费用
生产准备费	1）生产职工培训费。 2）生产单位提前进厂参加施工、设备安装、调试等以及熟悉工艺流程及设备性能等人员的工资、工资性补贴、职工福利费、差旅交通费、劳动保护费等
办公和生活家具购置费	办公和生活家具购置费是指为保证新建、改建、扩建项目初期正常生产、使用和管理所必须购置的办公、生活家具、用具的费用

一、单项选择题（每题的备选项中，只有1个最符合题意）

1. 下列建设工程项目相关费用中，属于工程建设其他费用的是（   ）。
   A. 专项评价费
   B. 建筑安装工程费
   C. 设备及工器具购置费
   D. 预备费

2. 下列关于工程建设其他费用中场地准备费和临时设施费的说法，正确的是（   ）。
   A. 场地准备费是由承包人组织进行场地平整等准备工作而发生的费用
   B. 临时设施费是承包人为满足工程建设需要搭建临时建筑物的费用
   C. 新建项目的场地准备费和临时设施费应根据实际工程量估算或按工程费用比例计算
   D. 场地准备费和临时设施费应考虑大型土石方工程费用

3. 下列关于联合试运转费的说法，正确的是（   ）。
   A. 试运转收入大于费用支出的工程，不列此项费用
   B. 联合试运转费应包括设备安装时的调试和试车费用
   C. 试运转费用支出大于试运转收入的工程，不列此项费用
   D. 试运转中因设备缺陷发生的处理费用应计入联合试运转费

4. 下列费用中，可计入联合试运转费的是（   ）。
   A. 单台设备安装时的调试费
   B. 支付给参加试运转专家的指导费
   C. 试运转收入大于费用支出的工程
   D. 建设单位招募试运转的生产工人发生的招聘费用

5. 下列关于建设项目场地准备和建设单位临时设施费计算的说法，正确的是（   ）。
   A. 改扩建项目一般应计工程费用和拆除清理费
   B. 凡可回收材料的拆除工程应采用以料抵工方式冲抵拆除清理费
   C. 新建项目应根据实际工程量计算，不按工程费用的比例计算
   D. 新建项目应按工程费用比例计算，不根据实际工程量计算

6. 下列与建设用地有关的费用中，归农村集体经济组织所有的是（   ）。
   A. 土地补偿费
   B. 青苗补偿费
   C. 拆迁补偿费
   D. 新菜地开发建设基金

7. 下列关于土地征用及迁移补偿费的说法，正确的是（   ）。
   A. 征用耕地补偿费标准为该地被征用前三年，平均年产值的4～6倍
   B. 征用尚未开发的规划菜地，不缴纳新菜地开发建设基金
   C. 地上附着物及青苗补偿费归农村集体所有
   D. 被征用耕地的安置补助费最高不超过被征用前三年平均年产值的30倍

8. 采用工程总承包方式发包的工程，其工程总承包管理费应从（   ）中支出。
   A. 建设管理费
   B. 建设单位管理费
   C. 建筑安装工程费
   D. 基本预备费

9. 下列关于工程建设其他费用的说法，正确的是（   ）。
   A. 建设单位管理费一般按建筑安装工程费乘以相应费率计算
   B. 研究实验费包括新产品试制费

C. 改扩建项目的场地准备及临时设施费一般只计拆除清理费
D. 可行性研究费企业自主定价

10. 下列费用项目中，应在研究试验费中列支的是（　　）。
   A. 为验证设计数据而进行必要的研究试验所需的费用
   B. 新产品试验费
   C. 施工企业技术革新的研究试验费
   D. 设计模型制作费

11. 下列费用项目中，属于工程建设其他费中研究试验费的是（　　）。
   A. 新产品试制费
   B. 勘察设计费
   C. 特殊设备安全监督检验费
   D. 委托专业机构验证设计参数而发生的验证费

12. 下列费用项目中，属于联合试运转费中试运转支出的是（　　）。
   A. 施工单位参加试运转人员的工资
   B. 单台设备的单机试运转费
   C. 试运转中暴露出来的施工缺陷处理费用
   D. 试运转中暴露出来的设备缺陷处理费用

13. 下列费用项目中，属于生产准备费的是（　　）。
   A. 人员培训费　　　　　　　B. 竣工验收费
   C. 联合试运转费　　　　　　D. 业务招待费

14. 下列关于联合试运转费的说法，正确的是（　　）。
   A. 包括对整个生产线或装置运行无负荷和有负荷试运转所发生的费用
   B. 包括施工单位参加试运转人员的工资及专家指导费
   C. 包括试运转中暴露的因设备缺陷发生的处理费用
   D. 包括对单台设备进行单机试运转工作的调试费

15. 下列费用项目中，应计入工程建设其他费中专利及专有技术使用费的是（　　）。
   A. 专利及专有技术在项目全寿命期的使用费
   B. 在生产期支付的商标权费
   C. 保险费
   D. 国外设计资料费

16. 根据现行建设项目总投资及工程造价的构成，下列有关建设项目费用开支，应列入建设单位管理费的是（　　）。
   A. 监理费　　　　　　　　　B. 竣工验收费
   C. 可行性研费　　　　　　　D. 节能评估费

17. 下列费用项目中，应计入工程建设其他费中专利及专有技术使用费的是（　　）。
   A. 工程保险费　　　　　　　B. 可行性研究费
   C. 国内设计资料费　　　　　D. 特许经营权费

18. 下列费用项目中，不属于建设单位管理费的是（　　）。
   A. 工作人员工资　　　　　　B. 业务招待费

C. 劳动保护费 D. 工程监理费

19. 关于工程建设其他费用中场地准备及临时设施费的内容，下列说法正确的是（　　）。
   A. 施工现场临时供水管道的费用计入建设单位临时设施费
   B. 建设单位临时设施费不包括已列入建筑安装工程费用中的施工单位临时设施费用
   C. 新建和改扩建项目的场地准备和临时设施费可按工程费用的比例计算
   D. 建设场地的大型土石方工程计入场地准备费

20. 建设单位管理费通常按照（　　）乘以相应的费率计算。
   A. 工程费用 B. 设备购置费
   C. 设备、工器具购置费 D. 建筑安装工程费

21. 在工程建设其他费用中，研究试验费应包括（　　）。
   A. 自行或委托其他部门研究使用所需的仪器使用费
   B. 新产品试制费
   C. 中间试验费
   D. 重要科学研究补助费

22. 下列费用项目中，不属于与项目建设有关的其他费用中研究试验费的是（　　）。
   A. 技术革新的研究试验费
   B. 为项目提供设计数据所进行的试验费
   C. 为项目验证设计数据所进行的试验费
   D. 委托其他部门研究试验所需的费用

23. 编制和评审可研报告的费用属于（　　）。
   A. 勘察设计费 B. 研究试验费
   C. 可行性研究费 D. 建设管理费

二、多项选择题（每题的备选项中，有2个或2个以上符合题意，至少有1个错项）

1. 建设项目投资组成中，建设管理费包括（　　）。
   A. 工程勘察费 B. 工程监理费
   C. 工程设计费 D. 施工管理费
   E. 建设单位管理费

2. 下列关于建设项目场地准备及临时设施费的说法，正确的是（　　）。
   A. 扩建项目的场地准备及临时设施费一般只计拆除清理费
   B. 场地准备及临时设施费包括建设场地的大型土石方工程费
   C. 新建项目的场地准备及临时设施费可根据实际工程量估算
   D. 场地准备及临时设施费包括建设单位临时设施费和施工单位临时设施费
   E. 场地准备及临时设施费属于建筑工程安装费用

3. 下列建设项目投资中，属于工程建设其他费用的是（　　）。
   A. 土地使用费 B. 建设管理费
   C. 建筑安装工程费 D. 流动资金
   E. 生产准备费

4. 建设工程项目总投资组成中，工程建设其他费包括（　　）。
   A. 失业保险费　　　　　　　　B. 工程监理费
   C. 研究试验费　　　　　　　　D. 生活家具购置费
   E. 生产家具购置费

5. 下列关于联合试运转费的说法，正确的是（　　）。
   A. 联合试运转费包括试运转中暴露出来的因施工原因发生的处理费用
   B. 不发生试运转或试运转收入大于费用支出的工程，不列入联合试运转费
   C. 当联合试运转收入小于试运转支出时，联合试运转费＝联合试运转费用支出－联合试运转收入
   D. 联合试运转支出包括施工单位参加试运转的人员工资以及专家指导费
   E. 联合试运转费包括由设备安装工程费用开支的调试及试车费用

6. 下列建设工程投资费用中，属于工程建设其他费用中的场地准备及临时设施费的是（　　）。
   A. 施工单位场地平整费　　　　B. 建设单位临时设施费
   C. 环境影响评价费　　　　　　D. 遗留设施拆除清理费
   E. 施工单位临时设施费

7. 下列与项目建设有关的其他费用中，属于建设管理费的是（　　）。
   A. 建设单位管理费　　　　　　B. 引进技术和引进设备其他费
   C. 工程监理费　　　　　　　　D. 场地准备费
   E. 工程总承包管理费

8. 下列属于与项目建设有关的其他建设费用的是（　　）。
   A. 建设单位管理费　　　　　　B. 工程监理费
   C. 建设单位临时设施费　　　　D. 施工单位临时设施费
   E. 市政公用设施费

9. 下列关于工程建设其他费中的场地准备及临时设施费的说法，正确的是（　　）。
   A. 场地准备费是由建设单位组织进行的场地平整等准备工作而发生的费用
   B. 其中的大型土石方工程应进入工程费中的总图运输费
   C. 新建项目的场地准备和临时设施费应根据实际工程中估算
   D. 场地准备和临时设施费＝工程费用×费率＋拆除清理费
   E. 委托施工单位修建临时设施时应计入施工单位措施费中

10. 下列关于生产准备费的说法，正确的是（　　）。
    A. 包括自行组织培训和委托其他单位培训的相关费用
    B. 包括人员培训费及提前进厂费
    C. 包括职工福利费
    D. 不包括学习资料费
    E. 可按设计定员乘以人均生产准备费指标计算

11. 新建项目或新增加生产能力的工程，在计算联合试运转费时需考虑的费用支出项目有（　　）。
    A. 试运转所需原材料、燃料费　　B. 施工单位参加试运转人员工资

C. 专家指导费 D. 设备质量缺陷发生的处理费
E. 施工缺陷带来的安装工程返工费

12. 下列建设用地取得费用中，属于征地补偿费的有（   ）
A. 土地补偿费 B. 安置补助费
C. 报迁补助 D. 土地管理费
E. 土地转让金

13. 下列属于工程建设其他费用中专项评价费的是（   ）。
A. 可行性研究费 B. 勘察设计费
C. 安全预评价费 D. 水土保持评价费
E. 地震安全性评价费

14. 下列属于工程建设其他费中研究试验费的有（   ）。
A. 新产品试制费
B. 水文地质勘察费
C. 特殊设备安全监督检验费
D. 委托专业机构验证设计参数而发生的验证费
E. 自行验证设计数据发生的人工费

15. 下列应在建设单位管理费中列支的项目是（   ）。
A. 基本预备费 B. 业务招待费
C. 勘察设计费 D. 竣工验收费
E. 总承包服务费

16. 下列属于生产准备费的是（   ）。
A. 人员培训费 B. 提前进厂费
C. 生产家具购置费 D. 备品备件费
E. 业务招待费

答案与解析

一、单项选择题
1. A； 2. C； 3. A； 4. B； 5. B； 6. A； 7. B； 8. A； 9. C； 10. A；
11. D； 12. A； 13. A； 14. B； 15. D； 16. B； 17. D； 18. D； 19. B； 20. A；
21. A； 22. A； 23. C。

二、多项选择题
1. BDE； 2. AC； 3. ABE； 4. BCD； 5. BCD； 6. BD； 7. ACE；
8. ABCE； 9. ABCD； 10. ABCE； 11. ABC； 12. ABD； 13. CDE； 14. DE；
15. BD； 16. AB。

单选题解析

多选题解析

第5节 预备费和建设期利息

复习要点

1. 预备费的计算

（1）基本预备费

含义	基本预备费是指在项目实施中可能发生难以预料的支出，需要预先预留的费用，又称不可预见费。主要指设计变更及施工过程中可能增加工程量的费用
计算公式	基本预备费＝（工程费用＋工程建设其他费用）×基本预备费率

（2）价差预备费

内容	① 人、材、机、设备的价差。 ② 建筑安装工程费及工程建设其他费用的调整。 ③ 利率、汇率调整等增加的费用
计算公式	价差预备费＝$\sum_{t=1}^{n} I_t [(1+f)^m (1+f)^{0.5} (1+f)^{t-1} - 1]$ n——建设期年份数； I_t——建设期第 t 年的投资计划额，包括工程费用、工程建设其他费用及基本预备费，即第 t 年的静态投资计划额； f——投资价格指数； t——建设期第 t 年； m——建设前期年限（从编制概算到开工建设年数）

2. 建设期利息的计算

建设期利息主要是指在建设期内发生并计入固定资产的利息。

$$Q = \sum_{j=1}^{n} (P_{j-1} + A_j/2) i$$

Q——建设期应计利息；

P_{j-1}——建设期第 $j-1$ 年末贷款累计金额与利息累计金额之和；

A_j——建设期第 j 年贷款金额；

i——年利率。

一、单项选择题（每题的备选项中，只有1个最符合题意）

1. 某工程的设备及工器具购置费为 1000 万元，建筑安装工程费为 1300 万元，工程建设其他费为 600 万元，基本预备费率为 5%。该项目的基本预备费为（　　）万元。

  A. 80   B. 95

  C. 115   D. 145

2. 某项目的设备及工器具购置费 2000 万元，建筑安装工程费 800 万元，工程建设其他费 200 万元，基本预备费费率 6%，则该项目的基本预备费为（　　）万元。

A. 100 B. 110
C. 140 D. 180

3. 某建设项目设备及工器具购置费为 600 万元，建筑安装工程费为 1200 万元，工程建设其他费为 100 万元，建设期贷款利息为 20 万元，基本预备费率为 10%，则该项目基本预备费为（　　）万元。

A. 120 B. 180
C. 182 D. 190

4. 编制建设项目投资估算时，考虑项目在实施中可能会发生变更增加工程量，投资计划中需要事先预留的费用是（　　）。

A. 涨价预备费 B. 铺底流动资金
C. 基本预备费 D. 工程建设其他费用

5. 在建设工程项目总投资组成中的基本预备费主要是（　　）。

A. 建设期内材料价格上涨增加的费用
B. 因施工质量不合格返工增加的费用
C. 设计变更增加工程量的费用
D. 因业主方拖欠工程款增加的承包商贷款利息

6. 某建设项目建筑安装工程费为 6000 万元，设备购置费为 1000 万元，工程建设其他费用为 2000 万元，建设期利息为 500 万元。若基本预备费费率为 5%，则该建设项目的基本预备费为（　　）万元。

A. 350 B. 400
C. 450 D. 475

7. 为保证工程项目顺利实施，避免在难以预料的情况下造成投资不足而预先安排的费用是（　　）。

A. 流动资金 B. 建设期利息
C. 预备费 D. 其他资产费用

8. 某建设项目建安工程费为 1500 万元，设备购置费 400 万元，工程建设其他费 300 万元，已知基本预备费率为 5%，项目建设前期年限为 0.5 年，建设期为 2 年，每年完成投资的 50%，年均投资价格上涨率为 7%，则该项目的预备费为（　　）万元。

A. 273.11 B. 336.23
C. 346.39 D. 358.21

9. 某建设项目工程费用 5000 万元，工程建设其他费用 1000 万元。基本预备费率为 8%，年均投资价格上涨率 5%，建设期两年，计划每年完成投资 50%，则该项目建设期第二年价差预备费应为（　　）万元。

A. 160.02 B. 227.79
C. 246.01 D. 326.02

10. 某建设项目静态投资 20000 万元，项目建设前期年限为 1 年，建设期为 2 年，计划每年完成投资 50%，年均投资价格上涨率为 5%，该项目建设期价差预备费为（　　）万元。

A. 1006.25 B. 1525.00

C. 2056.56　　　　　　　　　　D. 2601.25

11. 某项目建设期为2年，第1年贷款4000万元，第2年贷款2000万元，贷款年利率10%，贷款在年内均衡发放，建设期内只计息不付息。该项目第2年的建设期利息为（　　）万元。

　　A. 200　　　　　　　　　　B. 500
　　C. 520　　　　　　　　　　D. 600

12. 某建设项目静态投资为10000万元，项目建设前期年限为1年，建设期为2年，第1年完成投资40%，第2年完成投资60%。在年平均价格上涨率为6%的情况下，该项目价差预备费应为（　　）万元。

　　A. 666.3　　　　　　　　　B. 981.6
　　C. 1306.2　　　　　　　　D. 1640.5

13. 某项目建设期为2年，第1年贷款3000万元，第2年贷款2000万元，贷款年内均衡发放，年利率为8%，建设期内只计息不付息。该项目建设期利息为（　　）万元。

　　A. 366.4　　　　　　　　　B. 449.6
　　C. 572.8　　　　　　　　　D. 659.2

14. 某建设项目建设期为2年，建设期内第1年贷款400万元，第2年贷款500万元，贷款在年内均衡发放，年利率为10%。建设期内只计息不支付，则该项目建设期贷款利息为（　　）万元。

　　A. 85.0　　　　　　　　　　B. 85.9
　　C. 87.0　　　　　　　　　　D. 109.0

15. 某建设项目建设期为3年，各年分别获得贷款2000万元、4000万元和2000万元，贷款分年度均衡发放，年利率为6%，建设期利息只计息不支付，则建设期第2年应计贷款利息为（　　）万元。

　　A. 120.0　　　　　　　　　B. 240.0
　　C. 243.6　　　　　　　　　D. 367.2

16. 某项目共需要贷款资金900万元，建设期为3年，按年度均衡筹资，第1年贷款为300万元，第2年贷款为400万元，建设期内只计利息但不支付，年利率为10%，则第2年的建设期利息应为（　　）万元。

　　A. 50.0　　　　　　　　　　B. 51.5
　　C. 71.5　　　　　　　　　　D. 86.65

17. 在我国建设项目投资构成中，利率、汇率调整的费用属于（　　）。

　　A. 价差预备费　　　　　　　B. 基本预备费
　　C. 工程建设费　　　　　　　D. 建筑安装工程费

18. 已知某项目建筑安装工程费为2000万元，设备购置费3000万元，工程建设其他费1000万元，若基本预备费费率为10%，项目建设前期为2年，建设期为3年，各年投资计划额为：第1年完成投资20%，其余投资在后两年平均投入，年均价格上涨率为5%，则该项目建设期间价差预备费为（　　）万元。

　　A. 575.53　　　　　　　　　B. 648.18
　　C. 752.73　　　　　　　　　D. 1311.02

19. 已知某建设项目设备购置费为 2000 万元，建筑安装工程费为 800 万元，工程建设其他费用为 1500 万元，基本预备费率为 15%，则该建设项目基本预备费额为（　　）万元。

  A. 300   B. 420

  C. 645   D. 120

20. 已知某项目设备及工、器具购置费为 1000 万元，建筑安装工程费 1200 万元，工程建设其他费用 500 万元，基本预备费 200 万元，涨价预备费 300 万元，建设期贷款利息 150 万元，项目正常生产年份流动资产平均占用额为 350 万元，流动负债平均占用额为 280 万元，则该建设项目静态投资为（　　）万元。

  A. 3200   B. 3000

  C. 3250   D. 2900

21. 某建设项目，建设期为 3 年，分年均衡进行贷款，第 1 年贷款 500 万元，第 2 年贷款 1000 万元，第 3 年贷款 300 万元，年利率为 10%，建设期内利息只计息不支付，则该项目建设期利息为（　　）万元。

  A. 25   B. 102.5

  C. 177.75   D. 305.25

22. 某新建项目，建设期为 2 年，分年均衡进行贷款，第 1 年贷款 500 万元，第 2 年贷款 800 万元，年利率为 10%，建设期内利息只计息不支付，则第 2 年的建设期利息为（　　）万元。

  A. 145   B. 130

  C. 80   D. 92.5

23. ★［2020 年重庆］下列费用项目中，属于建筑安装工程企业管理费的是（　　）。

  A. 养老保险费   B. 管理人员工资

  C. 医疗保险费   D. 住房公积金

24. ★［2020 年浙江］当初步设计提出的总概算超过可行性研究报告总投资的（　　）以上或其他主要指标需变更时，应说明原因和计算依据，并重新向原审批单位报批可行性研究报告。

  A. 5%   B. 10%

  C. 15%   D. 20%

25. ★［2020 年浙江］①设计概算②中标价③施工图预算④结算价⑤合同价，最终形成建设工程的实际造价，形成顺序为（　　）。

  A. ①→②→③→④→⑤   B. ②→③→①→④→⑤

  C. ②→①→③→⑤→④   D. ①→③→②→⑤→④

26. ★［2020 年浙江］属于安全文明施工费的是（　　）。

  A. 临时宿舍的搭设、维修、拆除费用

  B. 竣工验收前，对已完成工程及设备采取的必要保护措施所发生的费用

  C. 施工需要的各种脚手架搭设的拆除费用

  D. 夜间施工时所发生的照明设备摊销费用

27. ★［2020 年浙江］下列费用中（　　）不属于规费。

A. 养老保险费 B. 劳动保险费
C. 失业保险费 D. 医疗保险费

二、多项选择题（每题的备选项中，有2个或2个以上符合题意，至少有1个错项）

1. 预备费包括基本预备费和价差预备费，其中价差预备费的计算应是（   ）。
   A. 采用单利方法
   B. 采用复利方法
   C. 以编制年费的静态投资额为基数
   D. 以工程费用为基数
   E. 以估算年份价格水平的投资额为基数

2. 根据我国现行规定，下列关于预备费的说法，正确的是（   ）。
   A. 基本预备费以工程费用为计算基数
   B. 基本预备费主要指设计变更及施工过程中可能增加工程量的费用
   C. 预备费包括基本预备费和价差预备费
   D. 价差预备费采用单利方法计算
   E. 价差预备费不包括利率、汇率调整增加的费用

3. 预备费是投资估算和设计概算编制时无法预计的实际需发生的费用，包括（   ）。
   A. 基本预备费 B. 固定预备费
   C. 可变预备费 D. 价差预备费
   E. 估算预备费

4. 下列费用中属于价差预备费的是（   ）。
   A. 竣工验收时为鉴定工程质量，对隐蔽工程进行必要的挖掘和修复费用
   B. 人工、设备、材料、施工机具的价差费
   C. 建筑安装工程费及工程建设其他费用调整
   D. 建设管理费，可行性研究费，专项评价费，引进设备费
   E. 利率、汇率调整等增加的费用

5. 关于建设期利息计算公式 $Q_j = (P_{j-1} + A_j/2) \times i$ 的应用，下列说法正确的是（   ）。
   A. i 是贷款年利率
   B. P_{j-1} 为第$(j-1)$年年初累计贷款本金和利息之和
   C. 按贷款在年中发放和支用考虑
   D. n 是建设期月份数
   E. A_j 是建设期第j年贷款金额

答案与解析

一、单项选择题

1. D； 2. D； 3. D； 4. C； 5. C； 6. C； 7. B； 8. D； 9. C； 10. C；
11. C； 12. C； 13. B； 14. C； 15. C； 16. B； 17. A； 18. D； 19. C； 20. D；

21. D； 22. D； 23. B； 24. B； 25. D； 26. A； 27. B。

二、多项选择题

1. BE； 2. BC； 3. BD； 4. BCE； 5. AE。

单选题解析

多选题解析

第4章 工程计价方法及依据

第1节 工程计价原理

复习要点

1. 工程计价的基本原理

按形成过程	分阶段计价
	分部组合计价
按单价的确定方式	函数法计价
	指标法计价

2. 工程计价的基本公式

3. 工程计价的基本方法

在工程计价时,传统的工程计价方法,根据采用的单价内容和计算程序不同,主要分为项目单价法和实物量法,项目单价法又分为定额计价法(工料单价法)和工程量清单计价法(综合单价法)。

(1) 定额计价法

首先依据相应工程计价定额的工程量计算规则计算项目的工程量,然后依据计价定额的人工、材料、施工机具的要素消耗量和单价,计算各个项目的定额直接费,然后再计算定额直接费合价,最后再按照相应的取费程序计算其他直接费、管理费、利润、税金等费用,最后逐级汇总形成工程造价。定额计价法工程计价的基本步骤包括:

1) 收集资料;
2) 熟悉设计文件和工程现场;
3) 计算工程量;
4) 套定额单价;
5) 相关费用计算,并汇总;
6) 编写编制说明。

(2) 工程量清单计价法

首先依据《建设工程工程量清单计价规范》GB 50500—2013 以及相应的工程量计算规范规定的工程量计算规则计算清单工程量,并依据相应的工程计价依据或市场交易价格确定综合单价,然后用工程量乘以综合单价,得到该工程量清单项目的合价及人工费,并以该合价或人工费为基础计算应综合计取的措施项目费以及规费等,最后逐级汇总形成工程造价。

一、单项选择题（每题的备选项中，只有1个最符合题意）

1. 反应完成一定计量单位合格扩大结构构件需要消耗的人工、材料和施工机械台班的数量的定额是（　　）。
   A. 概算指标　　　　　　　　　B. 概算定额
   C. 预算定额　　　　　　　　　D. 施工定额

2. 根据《建设工程工程量清单计价规范》GB 50500—2013，下列费用项目属于综合单价中的是（　　）。
   A. 施工机具使用费　　　　　　B. 专业工程暂估价
   C. 暂列金额　　　　　　　　　D. 计日工费

3. 工程计量工作包括工程项目的划分和工程量的计算，下列关于工程计量工作的说法正确的是（　　）。
   A. 项目划分须按预算定额规定的定额子项进行
   B. 通过项目划分确定单位工程基本构造单位
   C. 工程量的计算须按工程量清单计算规范的规则进行计算
   D. 工程量的计算应依据施工图设计文件，不应依据施工组织设计文件

4. 下列关于工程计价的说法，正确的是（　　）。
   A. 工程计价包含计算工程量和套定额两个环节
   B. 建筑安装工程费＝基本构造单元工程量×相应单价
   C. 工程组价包括工程单价的确定和总价的计算
   D. 工程计价中的工程单价仅指综合单价

5. 根据工程造价计价的环节划分，确定单位工程，基本构造单元属于（　　）工作。
   A. 工程计价　　　　　　　　　B. 工程计量
   C. 工程单价的确定　　　　　　D. 工程造价的计算

6. 关于工程造价的分部组合计价原理，下列说法正确的是（　　）。
   A. 分部分项工程费＝基本构造单元工程量×工料单价
   B. 工料单价指人工、材料和施工机械台班单价
   C. 基本构造单元是由分部工程适当组合形成
   D. 工程总价是按规定程序和方法逐级汇总形成的工程造价

7. 当利用函数关系对拟建项目的造价进行类比匡算时，通常基于的变量是（　　）。
   A. 某个表明设计能力或者形体尺寸的变量
   B. 某个表明设计能力或者资源消耗的变量
   C. 某个表明资源消耗或者形体尺寸的变量
   D. 某个表明资源消耗或者型号规格的变量

二、多项选择题（每题的备选项中，有2个或2个以上符合题意，至少有1个错项）

1. 根据《建设工程工程量清单计价规范》GB 50500—2013，分部分项工程综合单价包括了相应的（　　）。
   A. 管理费　　　　　　　　　　B. 利润
   C. 税金　　　　　　　　　　　D. 措施项目费
   E. 规费

2. 工程造价的计价可分为工程计量和工程组价两个环节，其中工程组价包括(　　)。
   A. 工程单价的确定　　　　　　B. 总价的计算
   C. 定额计价　　　　　　　　　D. 工程量清单计价
   E. 合同价格的管理

答案与解析

一、单项选择题
1. B；　2. A；　3. B；　4. C；　5. B；　6. D；　7. A。
二、多项选择题
1. AB；　2. AB。

答案与解析

第2节　工程计价依据及作用

复习要点

1. 工程计价依据的分类及作用
2. 工程造价管理标准

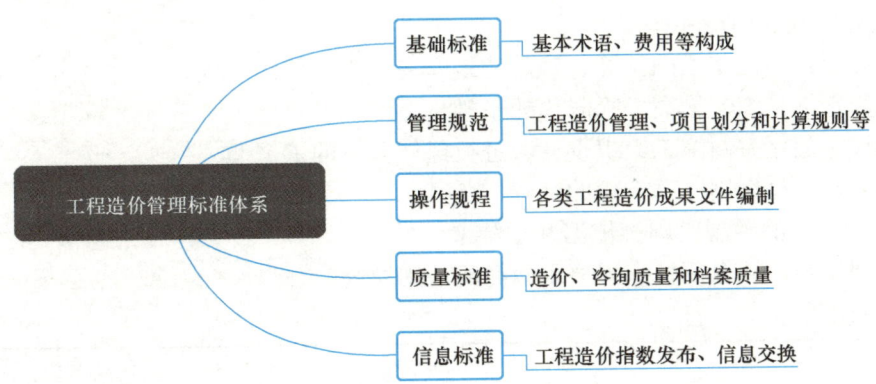

3. 工程计价定额
（1）工程定额概述
1）工程定额的定义
工程定额是指在正常施工条件下完成规定计量单位的合格建筑安装工程所消耗的人工、材料、施工机械台班、工期天数及相关费率等的数量标准。

2) 工程定额的分类

按定额的编制单位和管理权限划分	全国统一定额	
	行业定额	
	地区统一定额	
	企业定额	
按定额的编制程序和用途划分	施工定额	① 施工定额是完成一定计量单位的某一施工过程或基本工序所需消耗的人工、材料和施工机械台班数量标准。 ② 施工定额是施工企业成本管理和工料计划的重要依据
	预算定额	① 预算定额是一种计价性定额，基本反映完成分项工程或结构构件的人、材、机消耗量及其相应费用，以施工定额为基础综合扩大编制而成。 ② 预算定额主要用于施工图预算的编制，也可用于工程量清单计价中综合单价的计算
	概算定额	概算定额是一种计价性定额，基本反映完成扩大分项工程的人、材、机消耗量及其相应费用，一般以预算定额为基础综合扩大编制而成，主要用于设计概算的编制
	概算指标	概算指标是一种计价定额，主要用于编制初步设计概算，一般以建筑面积、体积或成套设备装置的台或组等为计量单位，基本反映完成扩大分项工程的相应费用，也可以表现其人、材、机的消耗量
	投资估算指标	投资估算指标是确定和控制建设项目全过程各项投资支出的技术经济指标。包括建设项目综合估算指标，单项工程估算指标和单位工程估算指标

（2）预算定额

1) 预算定额的用途和作用

① 预算定额是做施工图预算、确定建筑安装工程造价的基础。

② 预算定额是编制最高投标限价的基础。

③ 预算定额是编制施工组织设计、进行经济分析的依据。

④ 预算定额是编制概算定额的基础。

2) 预算定额的编制原则、依据和步骤

① 编制原则：社会评价水平原则；简明适用原则。

② 编制依据：

现行施工定额	现行设计规范、施工及验收规范，质量评定标准和安全操作规程
具有代表性的典型工程施工图及相关标准图	成熟推广的新技术、新结构、新材料和先进的施工方法等
相关科学实验、技术测定和统计、经验资料	现行的预算定额、材料单价及相关文件规定等

③ 编制步骤：准备阶段；定额编制；征求意见；审查；批准发布。

（3）概算定额与概算指标

1）概算定额的作用

① 概算定额是编制初步设计阶段工程概算、扩大初步设计阶段编制修正概算的主要依据；

② 概算定额是对设计项目进行技术经济分析比较的基础资料之一；

③ 概算定额是编制建设工程主要材料计划的依据；

④ 概算定额是控制施工图预算和最高投标限价的依据；

⑤ 概算定额是工程结束后，进行竣工决算和项目评价的依据；

⑥ 概算定额是编制概算指标的依据。

2）概算定额的编制原则、依据、步骤

原则	概算定额应该贯彻社会平均水平和简明适用的原则
编制依据	① 相关的国家和地区文件； ② 现行的预算定额； ③ 具有代表性的典型工程设计图纸和其他设计资料； ④ 相关的施工图预算及有代表性的工程决算资料； ⑤ 现行的人工日工资单价标准、材料单价、机械台班单价及其他的价格资料
编制步骤	① 准备阶段； ② 定额初稿编制； ③ 征求意见； ④ 审查； ⑤ 批准发布

3）概算指标的编制

分类	① 建筑工程概算指标，包括一般土建工程概算指标、电气工程指标、给水排水工程指标、采暖通风工程指标； ② 设备及安装工程概算指标，包括机械设备及安装工程指标、电气设备及安装工程指标、筑炉及安装工程指标、保温防腐及安装工程指标
编制依据	① 标准设计图纸和各类工程典型设计； ② 国家颁发的建筑标准、设计规范、施工规范； ③ 现行的概算定额和预算定额； ④ 人工工资标准、材料预算价格、机械台班预算价格

（4）投资估算指标

1）投资估算指标及其作用

① 投资估算指标是编制建设项目建议书投资估算的依据；

② 投资估算指标是编制可行性研究报告投资估算的依据；

③ 投资估算指标是评价建设项目投资可行性、分析投资效益的主要经济指标和重要基础。

2）投资估算指标的内容

投资估算指标因行业不同而各异，一般可分为建设项目综合估算指标、单项工程估算、单位工程估算指标 3 个层次。

4. 人工、材料、机械台班定额消耗量的确定

(1) 定额编制相关的基本概念

1) 建筑安装施工过程

建筑安装施工过程与其他物质生产过程一样,也包括生产力三要素,即:劳动者、劳动对象、劳动工具。

2) 施工过程的分类

① 根据施工过程组织上的复杂程度,可以分解为工序、工作过程和综合工作过程。

② 工作过程是由同一工人或同一小组所完成的在技术操作上相互有机联系的工序的总合体。其特点是劳动者和劳动对象不发生变化,而使用的劳动工具可以变换。

③ 综合工作过程是同时进行的,在组织上有直接联系的,为完成一个最终产品结合起来的各个施工过程的总和。

3) 施工过程的影响因素:技术因素;组织因素;自然因素。

(2) 工作时间及其分类

1) 工人工作时间消耗的分类

必需消耗的时间:工人在正常施工条件下,完成一定产品所消耗的时间是制定定额的主要依据	有效工作时间:与产品生产直接相关的时间消耗	基本工作时间:工人完成能生产一定产品的施工工艺过程消耗的时间。基本工作时间的长短和工作量的大小成正比	
		辅助工作时间:为保证基本工作顺利完成所消耗的时间。辅助工作时间长短与工作量大小相关	
		准备与结束工作时间:工人在执行任务前或任务完成后所消耗的时间	
	休息时间:工人为了恢复体力所必需的短暂休息和生理需要的时间消耗		
	不可避免中断时间:由于施工工艺特点引起的工作中断所必需的时间		
损失时间:与产品生产无关,而和施工组织和技术上的缺点相关,与工人在施工过程中的个人过失或某些偶然因素相关的时间消耗	多余和偶然工作时间		
	停工时间	施工本身造成的停工时间	
		非施工本身造成的停工时间	
	违背劳动纪律损失时间		

2) 机械工作时间消耗的分类

必需消耗的时间	有效工作时间	正常负荷下的工作时间、有根据地降低负荷下的工作时间	
	不可避免的无负荷工作时间:由施工过程的特点和机械结构的特点造成的机械无负荷工作时间		
	不可避免中断时间	与工艺过程的特点、机械使用中的保养、工人休息等有关的中断时间	
损失时间	多余工作时间		
	停工时间	施工本身造成的停工时间	
		非施工本身造成的停工时间	
	违背劳动纪律时间		
	低负荷下工作时间		

(3) 材料定额消耗量的确定

确定实体材料的净用量定额和材料损耗定额的计算数据，是通过现场技术测定、实验室试验、现场统计和理论计算等方法获得的。

(4) 机械台班定额消耗量的确定

1) 确定机械纯工作 1h 正常劳动生产率

确定机械纯工作 1h 的正常劳动生产率可以分为三步进行。

第一步，计算施工机械一次循环的正常延续时间；

第二步，计算施工机械纯工作 1h 的循环次数；

第三步，求施工机械纯工作 1h 的正常劳动生产率。

2) 确定施工机械的正常利用系数

确定施工机械的正常利用系数：首先要拟定施工机械工作班的正常工作状况下，保证合理利用工时。

5. 人工、材料、机械台班单价的确定

(1) 人工单价的组成和确定方法

1) 人工单价的组成

人工单价由计时工资或计件工资、奖金、津贴补贴以及特殊情况下支付的工资组成。

2) 人工单价的确定方法

①确定年平均每月法定工作日；②人工工日单价的计算。

(2) 材料单价的组成和确定方法

1) 材料单价的组成

材料单价由材料原价、材料运杂费、运输损耗和采购保管费组成。

2) 材料单价的计算方法

材料原价	材料原价是指材料、工程设备的出场价格或商家供应价格
运杂费	运杂费是指材料、工程设备自来源地至工地仓库货指定堆放地点所发生的全部费用
运输损耗费	材料运输损耗是指材料在运输和装卸过程中不可避免的损耗 材料运输损耗=（材料原价+材料运杂费）×运输损耗率
采购及保管费	材料采购及保管费=（材料原价+运杂费+运输损耗费）×采购及保管费率

(3) 施工机械台班单价的组成和确定方法

1) 施工机械台班单价的组成

施工机械台班单价由七项费用组成，包括折旧费、检修费、维护费、安拆费及场外运费、人工费、燃料动力费和其他费用。

2) 施工机械台班单价的计算方法

折旧费	台班折旧费=机械预算价格×（1-残值率）/耐用总台班
检修费	台班检修费=一次检修费×检修次数/耐用总台班
维护费	台班维护费=［$\sum$（各级维护一次费用×各级维护次数）+临时故障排除费］/耐用总台班 当维护费计算公式中各项数值难以确定时，也可按下列公式计算： 台班维护费=台班检修费×K。其中，K 为维护费系数，指维护费占检修费的百分数

续表

安拆费及场外运输费	安拆简单、但移动需要起重及运输机械的轻型施工机械，其安拆费及场外运费计入台班单价，安拆费及场外运费应按下列公式计算： 安拆费及场外运费＝一次安拆费及场外运费×年平均安拆次数/年工作台班
人工费	人工费指机上司机（司炉）和其他操作人员的人工费 人工费＝人工消耗量×［1＋（年制度工作日－年工作台班）/年工作台班］×人工单价
燃料动力费	燃料动力费是施工机械在运转作业中所耗用的燃料及水、电等费用 燃料动力费＝∑（燃料动力消耗量×燃料动力单价）

6. 建筑安装工程费用定额

（1）建筑安装工程费用定额的作用

建筑安装工程费用定额是计算除人工费、材料费、施工机具使用费之外的其他费用的相关规定。其主要作用包括：

① 建筑安装工程费用定额是计算综合取定的措施项目费的依据，如安全文明施工费。

② 建筑安装工程费用定额是计算规费、企业管理费等间接费的依据。

③ 建筑安装工程费用定额是计算利润的依据。

④ 建筑安装工程费用定额是计算税金的依据。

（2）安全文明施工费的计算

安全文明施工费不得作为竞争性费用。一般以分部分项工程费的合计为基数，也可以以分部分项工程费的合计与按量计价的措施费之和为基数。

（3）规费与企业管理费费率的确定

1）规费费率

规费不得作为竞争性费用。一般可以人材机费用之和、人工费和施工机具费之和、人工费为基数。

2）企业管理费费率

以人材机费合计为计算基数	企业管理费费率＝生产工人年平均管理费/(年有效施工天数×人工单价)×人工费占直接费比例%
以人工费和机具费合计为计算基数	企业管理费费率＝生产工人年平均管理费/［年有效施工天数×（人工单价＋每一日机具使用费）］×100%
以人工费为计算基数	企业管理费费率＝生产工人年平均管理费/(年有效施工天数×人工单价)×100%

一、单项选择题（每题的备选项中，只有1个最符合题意）

1. 某施工企业购入一台施工机械，原价60000元，预计残值率3%，使用年限8年，按平均年限法计提折旧，该设备每年应计提的折旧费应为（　　）元。

　　A. 5820　　　　　　　　　　　　B. 7275
　　C. 6000　　　　　　　　　　　　D. 7500

2. 某施工企业购买一台新型挖土机械，价格为50万元，预计使用寿命为2000台班，预计净残值为购买价格的3%，若按工作量法折旧，该机械每工作台班折旧费应为

（　　）元。
    A. 242.50　　　　　　　　　　B. 237.50
    C. 250.00　　　　　　　　　　D. 257.70

3. 施工定额研究的对象是（　　）。
    A. 工序　　　　　　　　　　　B. 整个建筑物
    C. 扩大的分部分项工程　　　　D. 分部分项工程

4. 以建筑物或构筑物各个分部分项工程为对象编制的定额是（　　）。
    A. 施工定额　　　　　　　　　B. 材料消耗定额
    C. 预算定额　　　　　　　　　D. 概算定额

5. 可作为建筑企业施工项目投标报价依据的定额是（　　）。
    A. 预算定额　　　　　　　　　B. 施工定额
    C. 概算定额　　　　　　　　　D. 概算指标

6. 施工作业过程中，筑路机在工作区末端掉头消耗的时间应计入施工机械台班使用定额，其时间消耗的性质是（　　）。
    A. 不可避免的停工时间　　　　B. 不可避免的中断工作时间
    C. 不可避免的无负荷工作时间　D. 正常负荷下的工作时间

7. 全国统一定额是由（　　）综合全国工程建设中技术和施工组织管理的情况编制。
    A. 国家建设行政主管部门　　　B. 行业建设行政主管部门
    C. 地区建设行政主管部门　　　D. 施工企业

8. 编制人工定额时，工人在工作班内消耗的工作时间属于损失时间的是（　　）。
    A. 停工时间　　　　　　　　　B. 休息时间
    C. 准备与结束工作时间　　　　D. 不可避免中断时间

9. 编制劳动定额时，工人装车的砂石数量不足导致的汽车在降低负荷下工作所延续的时间属于（　　）。
    A. 有效工作时间　　　　　　　B. 低负荷下的工作时间
    C. 机械停工时间　　　　　　　D. 机械多余的工作时间

10. 编制人工定额时，由于作业前准备不充分造成的停工时间应计入（　　）。
    A. 准备与结束工作时间　　　　B. 施工本身造成的停工时间
    C. 非施工本身造成的停工时间　D. 不可避免的中断时间

11. 施工机械台班产量定额等于（　　）。
    A. 机械净工作生产率×工作班延续时间
    B. 机械净工作生产率×工作班延续时间×机械利用系数
    C. 机械净工作生产率×机械利用系数
    D. 机械净工作生产率×工作班延续时间×机械运行时间

12. 某出料容量 0.5m³ 的混凝土搅拌机，每一次循环中，装料、搅拌、卸料、中断的时间分别为 1min、3min、1min、1min，机械利用系数为 0.8，则该搅拌机的台班产量定额是（　　）m³/台班。
    A. 32　　　　　　　　　　　　B. 36
    C. 40　　　　　　　　　　　　D. 50

13. 劳动定额分为产量定额和时间定额两类，时间定额和产量定额的关系（　　）。
    A. 相关关系　　　　　　　　　　B. 独立关系
    C. 正比关系　　　　　　　　　　D. 互为倒数

14. 编制施工图预算、确定建筑安装工程造价的基础的是（　　）。
    A. 预算定额　　　　　　　　　　B. 施工定额
    C. 概算定额　　　　　　　　　　D. 概算指标

15. 预算定额的编制应反映（　　）。
    A. 社会平均水平　　　　　　　　B. 社会平均先进水平
    C. 社会先进水平　　　　　　　　D. 企业实际水平

16. 材料单价是指材料从其来源地到达（　　）的价格。
    A. 工地　　　　　　　　　　　　B. 施工操作地点
    C. 工地仓库　　　　　　　　　　D. 施工工地仓库

17. 为测算一新工艺的时间定额，通过现场观测，测得完成该工艺每米所需的基本工作时间 0.625 工日、辅助工作时间 0.120 工日、准备与结束时间 0.075 工日、必须休息时间 0.150 工日、因避雨停工时间 0.330 工日、不可避免的中断时间 0.250 工日和机具故障停工时间 0.160 工日，经计算该工艺的时间定额是（　　）工日/m。
    A. 1.22　　　　　　　　　　　　B. 1.38
    C. 0.97　　　　　　　　　　　　D. 1.55

18. 螺纹钢原价 3500 元/t，运杂费 30 元/t，运输损耗率 0.5%，施工过程中材料损耗率 1%，采购保管费 2%，该螺纹钢的预算单价是（　　）元/t。
    A. 3617.50　　　　　　　　　　B. 3618.60
    C. 3618.25　　　　　　　　　　D. 3652.50

19. 某混凝土输送泵每小时纯工作状态可输送混凝土 25m³，泵的工作利用系数为 0.75，则该混凝土输送泵的产量定额为（　　）。
    A. 150m³/台班　　　　　　　　　B. 0.67 台班/100m³
    C. 200m³/台班　　　　　　　　　D. 0.50 台班/100m³

20. 概算定额是确定完成合格的（　　）所需消耗的人工、材料和机械台班的数量标准。
    A. 分部分项工程　　　　　　　　B. 扩大分项工程
    C. 单位工程　　　　　　　　　　D. 单项工程

21. 编制概算定额的基础是（　　）。
    A. 施工定额　　　　　　　　　　B. 劳动定额
    C. 预算定额　　　　　　　　　　D. 概算指标

22. 已知产量定额为 10 单位，则时间定额为（　　）。
    A. 10 单位　　　　　　　　　　 B. 1 单位
    C. 0.5 单位　　　　　　　　　　D. 0.1 单位

23. 经现场观测得知，完成 10m³ 某分项工程需消耗某种材料 1.76m³，其中损耗量为 0.055m³，则该种材料的损耗率为（　　）。
    A. 3.03%　　　　　　　　　　　B. 3.03%

· 90 ·

C. 3.20% D. 3.23%

24. 在机械工作时间消耗的分类中，由于工人过错造成施工机械在降低负荷的情况下工作的时间属于（　　）。
   A. 有根据地降低负荷下的工作时间　　B. 机械的多余工作时间
   C. 违反劳动纪律引起的机械时间损失　D. 低负荷下的工作时间

25. 某材料自甲、乙两地采购，甲地采购量为400t，原价为180元/t，运杂费为30元/t；乙地采购量为300t，原价为200元/t，运杂费为28元/t，该材料运输损耗率和采购保管费费率分别为1%、2%，则该材料的基价为（　　）元/t。
   A. 223.37 B. 223.40
   C. 224.24 D. 224.28

26. 某施工机械原值为50000元，耐用总台班为2000台班，一次检修费为3000元，检修次数为3，台班维护费系数为20%，每台班发生的其他费用合计为30元/台班，忽略残值和资金时间价值，则该机械的台班单价为（　　）元/台班。
   A. 60.40 B. 62.20
   C. 65.40 D. 67.20

27. 挖掘机配司机1人，若年制度工作日为245天，年工作台班为220台班，人工工日单价为80元，则该挖掘机的人工费为（　　）元/台班。
   A. 71.8 B. 80.0
   C. 89.1 D. 132.7

28. 正常施工条件下，完成单位合格建筑产品所需某材料的不可避免损耗量为0.90kg，已知该材料的损耗率为7.20%，则其总消耗量为（　　）kg。
   A. 13.50 B. 13.40
   C. 12.50 D. 11.60

29. 某工地商品混凝土的采购相关费用下列表所示，该商品混凝土的材料单价为（　　）元/m³。

供应价格（元/m³）	杂运费（元/m³）	运输损耗（%）	购及保管费费率（%）
300	20	1	5

   A. 323.2 B. 338.15
   C. 339.15 D. 339.36

30. 某施工机械原始购置费为4万元，耐用总台班为2000台班，检修次数为4，每次检修费为3000元，台班维护费系数为0.5，每台班安拆及场外运输费为65元，机械残值率为5%，不考虑资金的时间价值，则该机械的台班单价为（　　）元/台班。
   A. 91.44 B. 93.00
   C. 95.25 D. 95.45

31. 确定施工机械台班定额消耗量前需计算机械时间利用系数，其计算公式正确的是（　　）。
   A. 机械时间利用系数＝机械纯工作1h正常生产率×工作班纯工作时间
   B. 机械时间利用系数＝1/机械台班产量定额

C. 机械时间利用系数＝机械在一个工作班内纯工作时间/一个工作班延续时间（8h）

D. 机械时间利用系数＝一个工作班延续时间（8h）/机械在一个工作班内纯工作时间

32. 某瓦工班组15人，砌1.5砖厚砖基础需6天完成，砌筑砖基础的定额为1.25工日/m³，该班组完成的砌筑工程量是(　　)。

  A. 112.5m³   B. 90m³/工日

  C. 80m³/工日   D. 72m³

33. 某施工机械设备司机2人，若年制度工作日为254天，年工作台班为250台班，人工日工资单价为80元，则该施工机械的台班人工费为(　　)元/台班。

  A. 78.72   B. 81.28

  C. 157.44   D. 162.56

34. 根据作为工程定额体系的重要组成部分，预算定额是(　　)。

  A. 完成一定计价单位的某一施工过程所需要消耗的人工、材料和机械台班数量标准（施工定额）

  B. 完成一定计量单位合格分项工程和结构构件所需消耗的人工、材料、施工机械台班数量及其费用标准

  C. 完成单位合格扩大分项工程所需消耗的人工、材料和施工机械台班数量及费用标准（概算定额）

  D. 完成一个规定计量单位建筑安装产品的费用消耗标准

35. 预算定额是以(　　)为对象编制的定额。

  A. 施工过程或基本工序   B. 分项工程和结构构件

  C. 扩大的分项工程或扩大的结构构件   D. 单位工程

36. 下列工程建设定额，属于按定额反映的生产要素消耗内容分类的是(　　)。

  A. 机械台班消耗定额   B. 行业统一定额

  C. 投资估算指标   D. 补充定额

37. 机械消耗定额的主要表现形式是(　　)。

  A. 产量定额   B. 工日定额

  C. 时间定额   D. 数量定额

38. 下列属于概算定额编制对象的是(　　)。

  A. 单位工程   B. 分项工程和结构构件

  C. 扩大的分项工程或扩大的结构构件   D. 建设项目、单项工程、单位工程

39. 单位工程投资估算指标的内容应该是(　　)。

  A. 建筑安装工程费用

  B. 设备购置费用

  C. 设备、工器具购置费用

  D. 建筑安装工程费用与设备、工器具购置费用之和

40. 下列属于预算定额编制中简明适用原则的是(　　)。

  A. 次要的、不常用的、价值量相对较小的项目，分项工程可以划分粗一些

B. 计价定额的制定规划和组织实施由国务院建设行政主管部门归口管理

C. 遵照价值规律的客观要求

D. 按生产过程中所消耗的社会必要劳动时间确定定额水平

41. 投资估算指标编制过程中，单项工程指标一般以（   ）表示。

   A. 单项工程工程量单位投资　　　B. 单项工程结构件单位投资

   C. 单项工程生产能力单位投资　　D. 单项工程材料消耗单位投资

42. 预算定额编制时需要遵循简明适用原则，其中合理确定预算定额的计算单位是指（   ）。

   A. 主要的、常用的、价值量大的项目，分项工程划分要细

   B. 次要的、不常用的、价值量相对较小的项目，分项工程划分粗一些

   C. 尽可能地避免同一种材料用不同的计量单位和一量多用

   D. 预算定额要项目齐全

43. 某出料容量 750m³ 的砂浆搅拌机，每一次循环工作中，运料、装料、搅拌、卸料、中断需要的时间分别为 150s、40s、250s、50s、40s，运料和其他时间的交叠时间为 50s，机械利用系数为 0.8。该机械的台班产量定额为（   ）m³/台班。

   A. 36.20　　　　　　　　　　　B. 32.60

   C. 36.00　　　　　　　　　　　D. 39.27

44. 若完成 1m³ 墙体砌筑工作的基本工时为 0.5 工日，辅助工作时间占工序作业时间的 4%。准备与结束工作时间、不可避免的中断时间、休息时间分别占工作时间的 6%、3% 和 12%，该工程时间定额为（   ）工日/m³。

   A. 0.581　　　　　　　　　　　B. 0.608

   C. 0.629　　　　　　　　　　　D. 0.659

45. 采用现场测定法，测得某种建筑材料在正常施工条件下的单位消耗为 12.47kg，损耗量为 0.65kg，则该材料的损耗率为（   ）。

   A. 4.95%　　　　　　　　　　　B. 5.21%

   C. 5.45%　　　　　　　　　　　D. 5.50%

46. 在必需消耗的时间中，有一类时间与工作量大小无关，而往往和工作内容相关，这一时间应是（   ）。

   A. 准备与结束工作时间　　　　　B. 基本工作时间

   C. 休息时间　　　　　　　　　　D. 辅助工作时间

47. 以施工现场积累的分部分项工程使用材料数量、完成产品数量、完成工作原材料的剩余数量等统计资料为基础，经过整理分析，获得材料消耗数据的方法是（   ）。

   A. 实验室试验法　　　　　　　　B. 现场技术测定法

   C. 现场统计法　　　　　　　　　D. 理论计算法

48. 通过计时观察，完成某工程的基本工时为 4h/m³，辅助工作时间为工序作业时间的 8%。规范时间占工作时间的 20%，则完成该工程的时间定额是（   ）工日/m³。

   A. 0.56　　　　　　　　　　　　B. 0.67

   C. 0.68　　　　　　　　　　　　D. 0.96

49. 根据计时观察资料测得某工序工人工作时间有关数据如下：准备与结束工作时间

12min。基本工作时间68min，休息时间10min，辅助工作时间11min，不可避免中断时间6min，则该工序的规范时间为（　　）min。

  A. 33   B. 29
  C. 28   D. 27

50. 在施工过程的影响因素中，下列属于技术因素的是（　　）。

  A. 工人的技术水平   B. 所用材料的规格和性能
  C. 施工组织和施工方法   D. 工资分配方式

51. 在工人工作时间消耗的分类中，为完成一定合格产品所消耗的时间是（　　）。

  A. 有效工作时间   B. 基本工作时间
  C. 辅助工作时间   D. 必须消耗的工作时间

52. 已知人工砌筑 $1m^3$ 标准砖墙的基本工作时间为4.5小时，辅助工作时间占工序作业时间的2%。准备与结束工作时间、不可避免的中断时间、休息时间分别占工作日的3%、2%、15%。则该人工砌筑 $1m^3$ 标准砖墙的时间定额是（　　）工日/m^3。

  A. 0.704   B. 0.718
  C. 0.751   D. 0.807

53. 运输汽车装载保温泡沫板，因体积大但重量不足而引起的汽车在降低负荷的情况下工作的时间属于机器工作时间消耗中的（　　）。

  A. 有根据的降低负荷下的工作时间   B. 不可避免的无负荷工作时间
  C. 不可避免的损失时间   D. 低负荷下的工作时间

54. 下列机械工作时间，属于有效工作时间的是（　　）。

  A. 筑路机在工作区末端的调头时间
  B. 体积达标而未达到载重吨位的货物汽车运输时间
  C. 机械在工作地点之间的转移时间
  D. 装车数量不足而在低负荷工作的时间

55. 下列属于影响施工过程的组织因素的是（　　）。

  A. 工具和机械设备的类别   B. 构配件的类别
  C. 半成品的规格和性能   D. 工人技术水平

56. 已知某人工抹灰 $10m^2$ 的基本工作时间为4小时，辅助工作时间占工序作业时间的5%，准备与结束工作时间、不可避免的中断时间、休息时间分别占工作日的6%、11%、3%。则该人工抹灰的时间定额为（　　）工日/$100m^2$。

  A. 6.30   B. 6.56
  C. 6.58   D. 6.67

57. 关于材料消耗的性质及确定材料消耗量的基本方法，下列说法正确的是（　　）。

  A. 理论计算法适用于确定材料净用量
  B. 必须消耗的材料量指材料的净用量
  C. 土石方爆破工程所需的炸药、雷管、引信属于非实体材料
  D. 现场统计法主要适用于确定材料损耗量

58. 下列属于工作过程的是（　　）。

  A. 弯曲钢筋   B. 钢筋除锈

C. 砌砖墙　　　　　　　　　D. 抹灰和粉刷

59. 下列属于影响施工过程的技术因素的是（　　）。
　　A. 工具和机械设备的类别　　B. 操作方法
　　C. 工资分配方式　　　　　　D. 工人技术水平

60. 某出料容量 750L 的混凝土搅拌机，每循环一次的正常延续时间为 9min，机械正常利用系数为 0.9。按 8 小时工作制考虑，该机械的台班产量定额为（　　）。
　　A. 36m³/台班　　　　　　　B. 40m³/台班
　　C. 0.28 台班/m³　　　　　　D. 0.25 台班/m³

61. 下列工人工作时间消耗中，属于有效工作时间的是（　　）。
　　A. 因混凝土养护引起的停工时间
　　B. 偶然停工（停水、停电）增加的时间
　　C. 产品质量不合格返工的工作时间
　　D. 准备施工工具花费的时间

62. 某装修公司采购 1000m² 花岗岩，运至施工现场。已知该花岗岩出厂价为 1000 元/m²，运杂费 30 元/m²，运输损耗率为 1%，当地造价管理部门规定材料采购及保管费费率为 1%，此批材料的检验试验费为 1500 元，则这批花岗岩的材料费用约为（　　）万元。
　　A. 105.11　　　　　　　　　B. 105.07
　　C. 113.30　　　　　　　　　D. 113.45

63. 某大型施工机械需配机上司机、机上操作人员各 1 名，若年制度工作日为 250 天，年工作台班为 200 台班人工日工资单价均为 100 元/工日，则该施工机械的台班人工费为（　　）元/台班。
　　A. 100　　　　　　　　　　B. 125
　　C. 200　　　　　　　　　　D. 250

二、多项选择题（每题的备选项中，有 2 个或 2 个以上符合题意，至少有 1 个错项）

1. 关于概算定额的说法，正确的是（　　）。
　　A. 概算定额是人工、材料、机械台班消耗量的数量标准
　　B. 概算定额和预算定额的项目划分相同
　　C. 概算定额是在概算指标的基础上综合而成的
　　D. 概算定额是在初步设计时间确定投资额的依据
　　E. 概算定额水平的确定应与预算定额的水平基本一致

2. 编制人工定额时，工人工作必须消耗的时间包括（　　）。
　　A. 由于材料供应不及时引起的停工时间
　　B. 工人擅自离开工作岗位造成的时间损失
　　C. 准备工作时间
　　D. 由于施工工艺特点引起的工作中断所必需的时间
　　E. 工人下班前清洗整理工具的时间

3. 编制施工机械台班使用定额时，属于机械施工时间中损失时间的有（　　）。
　　A. 施工本身原因造成的停工时间　　B. 非施工原因造成的停工时间

C. 违反劳动纪律引起的时间损失 　　D. 工人正常的休息时间
E. 低负荷下的工作时间

4. 编制机械台班使用定额时，机械工作必需消耗的时间包括(　　)。
   A. 不可避免的中断时间 　　B. 不可避免的无负荷工作时间
   C. 有效工作时间 　　D. 低负荷下的工作时间
   E. 由于劳动组织不当引起的中断时间

5. 按照反映的生产要素消耗内容，可将建设工程定额分为(　　)。
   A. 建筑工程定额 　　B. 安装工程定额
   C. 人工定额 　　D. 材料消耗定额
   E. 机械台班定额

6. 编制材料消耗定额时，材料定额消耗量的确定方法有(　　)。
   A. 理论计算法 　　B. 现场统计法
   C. 比较类推法 　　D. 实验室试验法
   E. 现场技术测定法

7. 在合理劳动组织与合理使用机械的条件下，完成单位合格产品所必需的机械工作时间包括(　　)。
   A. 正常负荷下的工作时间
   B. 不可避免的中断时间
   C. 施工过程中操作工人违反劳动纪律的停工时间
   D. 有根据地降低负荷下的工作时间
   E. 不可避免的无负荷工作时间

8. 机械台班使用定额的编制内容包括(　　)。
   A. 拟定机械作业的正常施工条件 　　B. 确定机械纯工作 1 小时的正常生产率
   C. 拟定机械的停工时间 　　D. 确定机械的利用系数
   E. 计算机械台班定额

9. 必须消耗的时间包括基本工作时间和(　　)。
   A. 偶然时间 　　B. 辅助工作时间
   C. 准备与结束时间 　　D. 不可避免的中断时间
   E. 休息时间

10. 下列材料单价的构成费用，包含在采购及保管费中进行计算的有(　　)。
    A. 运杂费 　　B. 仓储费
    C. 工地管理费 　　D. 运输损耗
    E. 仓储损耗

11. 人工预算单价的组成包括(　　)。
    A. 计时工资或计件工资 　　B. 加班加点工资
    C. 奖金 　　D. 养老保险金
    E. 住房公积金

12. 施工机械台班单价的组成包括(　　)。
    A. 折旧费 　　B. 人工费

C. 检修费 D. 管理费
E. 燃料动力费

13. 下列工人工作时间中，属于有效工作时间的有（　　）。
   A. 基本工作时间 B. 不可避免中断时间
   C. 辅助工作时间 D. 偶然工作时间
   E. 准备与结束工作时间

14. 概算指标的编制依据有（　　）。
   A. 现行的预算定额
   B. 选择的典型工程施工图和其他相关资料
   C. 全国统一劳动定额
   D. 推广的新技术、新结构、新材料、新工艺
   E. 人工工资标准、材料预算价格、机械台班预算价格

15. 编制压路机台班使用定额时，属于必需消耗时间的是（　　）。
   A. 施工组织不好引起的停工时间
   B. 压路机在工作区末端掉头时间
   C. 压路机操作人员擅离岗位引起的停工时间
   D. 与工艺过程的特点、机器的使用和保养、工人休息有关的中断时间
   E. 暴雨时压路机的停工时间

16. 劳动定额的表现形式为（　　）。
   A. 概算定额 B. 时间定额
   C. 材料定额 D. 预算定额
   E. 产量定额

17. 关于工程计价定额的概算指标，下列说法正确的是（　　）。
   A. 主要用于设计概算的编制 B. 概算指标是指以扩大分项工程为对象
   C. 主要用于编制投资估算 D. 是一种计价定额
   E. 基本反映建设项目、单项工程、单位工程的相应费用指标

18. 关于施工机械台班单价的确定，下列公式正确的是（　　）。
   A. 台班折旧费＝机械原值×（1－残值率）
   B. 台班维护费＝台班检修费×维护费系数
   C. 台班检修费＝一次检修费×检修次数/耐用总台班
   D. 台班折旧费＝机械预算价格×（1－残值率）/耐用总台班
   E. 台班维护费＝∑（各级维护一次费用×各级维护次数）/耐用总台班

19. 关于建筑安装工程费用中建筑业增值税的计算，下列说法错误的是（　　）。
   A. 增值税的两种计算方式是：一般计税方法和简易计税方法
   B. 当事人可以自主选择一般计税法或简易计税法计税
   C. 采用一般计税法，建筑业增值税税率为3％
   D. 采用简易计税法时，税前造价不包含增值税的进项税额
   E. 采用一般计税法时，税前造价不包含增值税的进项税额

20. 下列属于预算定额编制依据的是（　　）。

A. 现行施工定额　　　　　　　　B. 现行的设计规范
C. 概算指标　　　　　　　　　　D. 概算定额
E. 现行的预算定额

21. 下列属于人工日工资单价组成的是（　　）。
A. 职工福利费　　　　　　　　　B. 计时工资或计件工资
C. 津贴补贴　　　　　　　　　　D. 劳动保护费
E. 奖金

22. 下列属于材料单价中材料运杂费的是（　　）。
A. 调车和驳船费　　　　　　　　B. 装卸费
C. 运输损耗　　　　　　　　　　D. 采购费
E. 运输费

23. 关于材料单价的构成和计算，下列说法正确的是（　　）。
A. 材料单价指材料由其来源地运达工地仓库的入库价
B. 运输损耗指材料在场外运输装卸及施工现场搬运发生的不可避免损耗
C. 采购及保管费包括组织材料检验、供应过程中发生的费用
D. 材料单价中包括材料仓储费和工地保管费
E. 材料生产成本的变动直接影响材料单价的波动

24. 施工过程的影响因素包括技术因素、组织因素和自然因素，下列因素中属于组织因素的是（　　）。
A. 构配件的类别　　　　　　　　B. 所用工具的型号
C. 施工方法　　　　　　　　　　D. 工资分配方式
E. 工人技术水平

25. 在投资估算指标中，建设项目综合指标的内容一般包括（　　）。
A. 单项工程投资　　　　　　　　B. 建设期利息
C. 工程建设其他费用　　　　　　D. 预备费
E. 流动资金

答案与解析

一、单项选择题

1. B；　2. A；　3. A；　4. C；　5. D；　6. D；　7. A；　8. A；　9. B；　10. B；
11. B；　12. A；　13. D；　14. A；　15. A；　16. D；　17. A；　18. B；　19. A；　20. B；
21. C；　22. D；　23. D；　24. D；　25. D；　26. A；　27. C；　28. B；　29. D；　30. B；
31. C；　32. D；　33. D；　34. B；　35. B；　36. A；　37. C；　38. C；　39. A；　40. A；
41. C；　42. C；　43. C；　44. D；　45. C；　46. A；　47. C；　48. C；　49. C；　50. B；
51. D；　52. B；　53. A；　54. B；　55. D；　56. C；　57. A；　58. D；　59. A；　60. A；
61. D；　62. B；　63. D。

二、多项选择题

1. DE；　2. CDE；　3. ABCE；　4. ABC；　5. CDE；　6. ABDE；　7. ABDE；

8. ABDE; 9. BCDE; 10. BCE; 11. ABC; 12. ABCE; 13. ACE; 14. ABE;
15. BD; 16. BE; 17. BD; 18. BD; 19. BCD; 20. ABE; 21. BCE;
22. ABE; 23. DE; 24. CDE; 25. ACD。

单选题解析

多选题解析

第 3 节　工程造价信息及应用

复习要点

1. 工程计价信息的定义与分类

工程计价信息体系	造价指数	国家或地方的房建工程、市政工程造价指数
		各行业、各专业工程造价指数
	价格信息	人工价格
		设备价格
		材料价格
		施工机械价格
	综合指标信息	建设项目综合造价指标
		单项工程综合指标
		单位工程指标
		扩大分部分项工程指标
		分部分项工程指标

2. 工程计价信息的管理

3. 工程造价资料的积累及应用

4. 工程造价指数的动态管理及应用

（1）工程造价指数的概念及其编制意义

工程造价指数反映了报告期与基期相比的价格变动趋势，利用它来研究实际工作具有下列意义：

① 可以利用工程造价指数分析价格变动趋势及其原因。

② 可以利用工程造价指数预计宏观经济变化对工程造价的影响。

③ 工程造价指数是工程发承包双方进行工程估价和结算的重要依据。

（2）工程造价指数的内容及其特征

工程造价指数的内容应该包括：

① 各种单项价格指数。

② 设备、工器具价格指数。
③ 建筑安装工程造价指数。
④ 建设项目或单项工程造价指数。

一、单项选择题（每题的备选项中，只有1个最符合题意）

1. 下列工程造价信息中，在工程计价中起重要作用的是（ ）。
   A. 工程价格信息 B. 政策性文件
   C. 计价标准和规范 D. 工程定额

2. 下列工程造价指数，既属于总指数又可用综合指数形式表示的是（ ）。
   A. 设备、工器具价格指数 B. 建筑安装工程造价指数
   C. 单项工程造价指数 D. 建设项目造价指数

3. 工程计价信息包括（ ）。
   A. 工程造价指数、在建工程信息和已完工程信息
   B. 价格信息、工程造价指数和已完工程信息
   C. 人工价格信息、材料价格信息及在建工程信息
   D. 价格信息、工程造价指数及刚开工的工程信息

4. 下列工程造价指数中，没有用平均数指数形式编制的总指数是（ ）。
   A. 工程建设其他费用费率指数 B. 建筑安装工程价格指数
   C. 单项工程造价指数 D. 建设项目造价指数

5. 关于工程造价指数，下列说法正确的有（ ）。
   A. 工程造价指数可以反映建筑市场的供求关系
   B. 建筑安装工程造价指数是一种单项指数
   C. 设备、工器具价格指数是一种数量指标指数
   D. 单项工程造价指数一般用平均数指数的形式表示

6. ★[2020年浙江]某工地从某处采购同一种商业混凝土，已知供应价格450元，运杂费50元，运输损耗率为2%，采购及保管费率为6%，则该商品混凝土的材料单价为（ ）元。
   A. 510 B. 530
   C. 540 D. 540.6

7. ★[2020年浙江]不属于工程计价信息管理需要遵循的基本原则是（ ）。
   A. 稳定性原则 B. 高效处理原则
   C. 标准化原则 D. 定量化原则

8. ★[2020年浙江]施工图预算编制完成后，需要认真进行全面、系统的审查。施工图预算审查的主要内容不包括（ ）。
   A. 审查材料代用是否合理 B. 审查设备、材料的预算价格
   C. 审查工程量 D. 审查预算单价的套用

二、多项选择题（每题的备选项中，有2个或2个以上符合题意，至少有1个错项）

1. 建设项目造价指数属于总指数，是由（ ）综合编制而成。
   A. 人、材、机价格指数 B. 企业管理费价格指数

C. 设备、工器具价格指数
D. 建筑安装工程造价指数
E. 工程建设其他费用指数

2. 建设项目工程造价指数是由( )指数综合得到的。
   A. 设备工器具价格指数
   B. 人工费价格指数
   C. 建筑安装工程造价指数
   D. 材料价格指数
   E. 工程建设其他费用指数

3. 下列工程造价指数中,采用平均数指数形式编制的有( )。
   A. 各种单项价格指数
   B. 设备、工器具价格指数
   C. 建筑安装工程价格指数
   D. 单项工程造价指数
   E. 建设项目造价指数

4. 下列属于价格信息的是( )。
   A. 人工价格信息
   B. 材料价格信息
   C. 机械价格信息
   D. 工程造价指数
   E. 已完工程信息

答案与解析

一、单项选择题
1. A; 2. A; 3. B; 4. A; 5. D; 6. D; 7. A; 8. A。

二、多项选择题
1. CDE; 2. ACE; 3. CDE; 4. ABC。

选择题解析

第 5 章　工程决策和设计阶段造价管理

第 1 节　决策和设计阶段造价管理工作程序和内容

复习要点

1. 决策阶段造价管理工作程序和内容

全面正确地估算建设项目的工程造价，是整个决策阶段造价管理的重要任务。

在项目建议书阶段，投资估算精度的要求为误差控制在±30%以内。此阶段进行投资估算是为了判断项目是否需要进行下一阶段工作。

根据初步可行性的内容，进行方案的经济分析并编制投资估算，这一阶段投资估算精度的要求为误差控制在±20%以内。

详细可行性研究阶段的投资估算经审查批准之后，便是工程设计任务书中规定的投资限额，其对投资估算精度的要求为误差控制在±10%以内。

工程项目决策阶段造价管理的工作内容：

为了确定工程项目合理的投资估算，在决策阶段的造价管理首先应分析影响工程造价的主要因素，通常主要影响因素有工程项目区位的选择、项目建设方案的选择、主要设备的选择、建设时机的选择以及市场的情况等。

2. 设计阶段造价管理工作程序和内容

（1）设计阶段造价管理工作程序

1）工程设计阶段的划分

国家规定，一般工业与民用建筑项目设计分初步设计和施工图设计两阶段进行，称之为"两阶段设计"；对于技术上复杂而又缺乏设计经验的项目，可按初步设计、技术设计和施工图设计三个阶段进行，称之为"三阶段设计"。

2）设计阶段造价管理的重要性

① 工程设计直接或间接地影响建设投资和经常性费用。

② 设计阶段造价管理的效益最显著。

③ 设计阶段的造价管理充分体现了造价控制的主动性。

④ 在设计阶段进行造价管理便于技术与经济相结合。

（2）设计方案比选

设计方案比选应遵循的原则有：

① 设计方案必须要处理好经济合理性与技术先进性之间的关系。

② 设计方案必须兼顾建设与使用，考虑项目全寿命周期的费用。

③ 功能设计必须兼顾近期与远期的要求。

设计方案比选和评价的指标是方案比选和评价的标准，对于技术经济分析的科学性和正确性有重要作用。

(3) 价值工程

价值工程的目的是提高设计方案的价值,其提高价值的途径主要有:

① 通过改进设计,功能提高,成本降低。

② 通过改进设计,功能提高,成本不变。

③ 通过改进设计,功能不变,成本降低。

④ 通过改进设计,功能有很大提高,成本稍有提高。

⑤ 通过改进设计,功能稍有降低,成本大大降低。

一、单项选择题(每题的备选项中,只有1个最符合题意)

1. 建设项目详细可行性研究阶段的投资估算误差率一般在( )范围内。
    A. ±5% B. ±10%
    C. ±15% D. ±20%

2. 在项目设计阶段,应坚持先进性、适用性、安全可靠性、经济合理性原则来确定( )。
    A. 建设规模 B. 建设标准
    C. 技术方案 D. 设备方案

3. 某地2020年拟建年产30万吨化工产品项目。依据调查,某生产相同产品的已建成项目,年产量为10万吨,建设投资为12000万元。若生产能力指数为0.9,综合调整系数为1.15,则该拟建项目的建设投资是( )万元。
    A. 28047 B. 36578
    C. 37093 D. 37260

4. 初步可行性研究阶段投资估算精度的要求为:误差控制在( )以内。
    A. ±5% B. ±10%
    C. ±15% D. ±20%

5. 建设项目规模的合理选择关系到项目的成败,决定着项目工程造价的合理与否。影响项目规模合理化的制约因素主要包括( )。
    A. 资金因素、技术因素和环境因素 B. 资金因素、技术因素和市场因素
    C. 市场因素、技术因素和环境因素 D. 市场因素、环境因素和资金因素

6. 确定项目建设规模时,应该考虑的首要因素是( )。
    A. 市场因素 B. 生产技术因素
    C. 管理技术因素 D. 环境因素

7. 在确定项目建设规模时,需考虑的市场因素包括( )。
    A. 燃料动力供应 B. 原材料市场
    C. 产业政策 D. 运输及通信条件

8. 在项目决策阶段影响工程造价的因素中,下列属于影响建设规模的技术因素的是( )。
    A. 资源技术和环境治理技术 B. 资源技术和生产技术
    C. 环境治理技术和管理技术 D. 生产技术和管理技术

9. 关于项目投资估算的作用,下列说法正确的是( )。

A. 项目建议书阶段的投资估算，是确定建设投资最高限额的依据
B. 可行性研究阶段的投资估算，是项目投资决策的重要依据，不得突破
C. 投资估算不能作为制定建设贷款计划的依据
D. 投资估算是核算建设项目固定资产需要额的重要依据

10. 关于我国项目前期各阶段投资估算的精度要求，下列说法正确的是(　　)。
　　A. 项目建议书阶段，允许误差大于±30%
　　B. 投资设想阶段，要求误差控制在±30%以内
　　C. 预可行性研究阶段，要求误差控制在±20%以内
　　D. 可行性研究阶段，要求误差控制在±15%以内

11. 产品功能可从不同的角度进行分析，按功能的性质不同，产品的功能可分为(　　)。
　　A. 必要功能和不必要功能　　　　B. 基本功能和辅助功能
　　C. 使用功能和品位功能　　　　　D. 过剩功能和不足功能

二、多项选择题（每题的备选项中，有2个或2个以上符合题意，至少有1个错项）

1. 关于我国项目前期阶段投资估算的误差率要求，下列说法正确的是(　　)。
　　A. 项目建议书阶段，允许误差大于±30%
　　B. 详细可行性研究阶段，要求误差控制在±30%以内
　　C. 初步可行性研究阶段，要求误差控制在±20%以内
　　D. 初步可行性研究阶段，要求误差控制在±15%以内
　　E. 详细可行性研究阶段，要求误差控制在±10%以内

2. 关于项目建设规模，下列说法正确的是(　　)。
　　A. 建设规模越大，产生的效益越高
　　B. 相应的环境因素是实现规模效益的保证
　　C. 资金市场条件对建设规模的选择起着制约作用
　　D. 技术因素是确定建设规模需考虑的首要因素
　　E. 先进适用的生产技术及技术装备是项目规模效益赖以存在的基础

3. 价值工程活动中，按功能的重要程度不同，产品的功能可分为(　　)。
　　A. 基本功能　　　　　　　　　　B. 必要功能
　　C. 辅助功能　　　　　　　　　　D. 过剩功能
　　E. 不足功能

答案与解析

一、单项选择题
1. B； 2. C； 3. C； 4. D； 5. C； 6. A； 7. B； 8. D； 9. D； 10. C；
11. C。

二、多项选择题
1. CE； 2. CE； 3. AC。

选择题解析

第 2 节　投资估算编制

复习要点

1. 投资估算编制内容及依据

（1）投资估算编制内容

投资估算按内容可分为建设项目的投资估算、单项工程投资估算、单位工程投资估算。建设项目的投资估算包括固定资产投资估算和流动资金估算两部分。

（2）投资估算编制依据

1）国家、行业和地方政府的相关规定。

2）相应的投资估算指标。

3）拟建项目建设方案确定的各项工程建设内容。

4）工程勘察与设计文件，包括图示计量或相关专业提供的主要工程量和主要设备清单，以及与建设项目相关的工程地质资料、设计文件、图纸等。

5）类似工程的各种技术经济指标和参数。

6）工程所在地编制同期的人工、材料、机械台班市场价格，以及设备的市场价格和相关费用。

7）政府有关部门、金融机构等部门发布的价格指数、利率、汇率、税率，以及工程建设其他费用等。

8）委托单位提供的各类合同或协议及其他技术经济资料。

（3）投资估算成果文件

投资估算成果文件一般由封面、签署页、目录、编制说明、投资估算分汇总表、单项工程投资估算表、主要技术经济指标等内容组成。

投资构成分析应包括：

1）主要单项工程投资占比分析。

2）设备购置费、建筑工程费、安装工程费、工程建设其他费用、预备费占建设总投资的比例；引进设备费用占全部设备费用的比例等。

3）影响投资的主要因素分析。

4）与国内类似工程项目的比较等。

2. 投资估算编制方法

（1）建设投资简单估算方法

单位生产能力 估算法	$C_2 = (C_1/Q_1) \times Q_2 \times f$		
	单位生产能力估算法只能是粗略地快速估算，误差较大，可达±30％。应用该估算法时需要注意下列几点：地方性、配套性、时间性		
生产能力指数法	$C_2 = C_1 (Q_2/Q_1)^n \times f$		指数取值：正常情况下，$0 \leq n \leq 1$
	规模比值		生产能力指数 x
	0.5~2	已建类似项目的生产规模与拟建项目生产规模相差不大	1
	2~50	且拟建项目生产规模的扩大仅靠增大设备规模来达到时	0.6~0.7
		靠增加相同规格设备的数量达到时	0.8~0.9
	采用生产能力指数法，计算简单、速度快；一般情况下可将误差控制在±20％以内，但要求类似项目的资料可靠，条件基本相同，否则误差就会增大		
系数估算法	选择拟建项目的主体工程费或主要设备费为基数，以其他工程费占主体工程费或设备购置费的百分比为系数。我国国内常用的方法有设备系数法和主体专业系数法，世行工程投资估算常用朗格系数法		
比例估算法	根据统计资料，先求出已有同类企业主要设备占全厂建设投资的比例，然后再估算出拟建项目的主要设备投资，即可按比例求出拟建项目的建设投资		
指标估算法	指标估算法是编制和确定项目可行性研究报告中投资估算的基础和依据		

（2）建设投资分类估算法

建筑工程费用估算	单位建筑工程投资估算法	单位建筑工程量的投资×建筑工程总量
	单位实物工程量投资估算法	单位实物工程量的投资×实物工程总量
	概算指标投资估算法	① 适用于没有上述估算指标且建筑工程费占总投资比例较大的项目； ② 缺点：投入的时间和工作量较大
工程建设其他 费用估算	基本预备费估算	
	价差预备费估算	
	建设期利息	
流动资金估算	分项详细估算法	
	扩大指标估算法	

一、单项选择题（每题的备选项中，只有1个最符合题意）

1. 投资估算一般分为（   ）。

   A. 建设项目、单项工程、单位工程三个层次
   B. 单项工程、单位工程两个层次
   C. 单项工程、单位工程、分部工程三个层次
   D. 建设项目、单项工程两个层次

2. 投资估算精度相对较高，既适用于项目建议书阶段又适用于可行性研究阶段使用

的投资估算方法是（　　）。

　　A. 类似项目对比法　　　　　　B. 系数估算法
　　C. 生产能力指数法　　　　　　D. 指标估算法

3. 某地 2017 年拟建一座年产 20 万吨的化工厂，该地区 2015 年建成的年产 15 万吨相同产品的类似项目实际建设投资为 6000 万元。2015 年和 2017 年该地区的工程造价指数（定基指数）分别为 1.12、1.15，生产能力指数为 0.7，预计该项目建设期的两年内工程造价仍将年均上涨 5%。则该项目的静态投资为（　　）万元。

　　A. 7147.08　　　　　　　　　B. 7535.09
　　C. 7911.84　　　　　　　　　D. 8307.43

4. 投资估算的编制方法中，以拟建项目的主体工程费为基数，以其他工程费与主体工程费的百分比为系数，此估算拟建项目总投资的方法是（　　）。

　　A. 单位生产能力估算法　　　　B. 生产能力指数法
　　C. 系数估算法　　　　　　　　D. 比例估算法

5. 2006 年已建成年产 20 万吨的某化工厂，2010 年拟建年产 100 万吨相同产品的新项目，并采用增加相同规格设备数量的技术，增加同规格设备的数量达到生产规模的系数为（　　）。

　　A. 0.4～0.5　　　　　　　　　B. 0.6～0.7
　　C. 0.8～0.9　　　　　　　　　D. 1

6. 某地 2015 年拟建年产 30 万吨化工产品项目。依据调查，某生产相同产品的已建成项目，年产为 10 万吨，建设投资为 15000 万元。若生产能力指数为 0.9，综合调整系数为 1.2，则该拟建项目的建设投资是（　　）万元。

　　A. 30047　　　　　　　　　　B. 41578
　　C. 48059　　　　　　　　　　D. 48382

7. 根据生产能力指数法（$x=0.6$，$f=1.2$），若将设计中的化工生产系统的生产能力提高 3 倍，其投资额大约增加（　　）。

　　A. 176%　　　　　　　　　　B. 112%
　　C. 232%　　　　　　　　　　D. 93%

8. 下列有关静态投资部分估算方法的描述，正确的是（　　）。

　　A. 在条件允许时，可行性研究阶段可采用生产能力指数法编制估算
　　B. 在条件允许时，项目建议书阶段可采用指标估算法编制估算
　　C. 在条件允许时，可行性研究阶段可采用系数估算法编制估算
　　D. 在条件允许时，可行性研究阶段可采用比例估算法编制估算

9. 下列投资估算编制方法，适合用于可行性研究阶段投资估算编制的是（　　）。

　　A. 生产能力指数法　　　　　　B. 比例估算法
　　C. 指标估算法　　　　　　　　D. 混合估算法

10. 某地 2016 年拟建一年产 50 万吨产品的工业项目预计建设期为 3 年，该地区 2013 年已建年产 40 万吨的类似项目投资为 2 亿元。已知生产能力指数为 0.9，该地区 2013、2016 年同类工程造价指数分别为 108、112，预计拟建项目建设期内工程造价年上涨率为 5%。用生产能力指数法估算的拟建项目静态投资为（　　）亿元。

A. 2.54　　　　　　　　　　　　B. 2.74
C. 2.75　　　　　　　　　　　　D. 2.94

11. 某地拟于2013年兴建一座工厂，年生产某种产品50万吨。已知2010年在另一地区已建类似工厂，年生产同类产品30万吨，投资5.43亿元。若综合调整系数为1.5，用单位生产能力估算法计算拟建项目的投资额应为（　　）亿元。
　　A. 6.03　　　　　　　　　　　　B. 9.05
　　C. 13.58　　　　　　　　　　　D. 18.10

12. 按照生产能力指数法（$x=0.8$，$f=1.1$），如将设计中的化工生产系统的生产能力提高到三倍，投资额将增加（　　）。
　　A. 118.9%　　　　　　　　　　B. 158.3%
　　C. 164.9%　　　　　　　　　　D. 191.5%

13. 下列投资估算方法，精度较高的是（　　）。
　　A. 生产能力指数法　　　　　　B. 单位生产能力估算法
　　C. 系数估算法　　　　　　　　D. 指标估算法

14. 下列关于投资决策阶段流动资金估算的说法正确的是（　　）。
　　A. 不同生产负荷下的流动资金按100%生产负荷下的流动资金乘以生产负荷百分比计算
　　B. 分项详细估算时，需要计算各类流动资产和流动负债的年周转次数
　　C. 当年发生的流动资金借款应按半年计息
　　D. 流动资金借款利息应计入建设期贷款利息

15. 2014年已建成年产10万吨的某钢厂，其投资额为4500万元，2019年拟建生产60万吨的钢厂项目，建设期2年。自2014年至2019年每年平均造价指数递增5%，预计建设期2年平均造价指数递减6%，则拟建钢厂的静态投资额为（　　）万元。（已知生产能力指数为0.8）
　　A. 22934.57　　　　　　　　　B. 24081.30
　　C. 25250.08　　　　　　　　　D. 26765.09

16. 在国外某地建设一座化工厂，已知设备到达工地的费用（E）为3000万美元，该项目的朗格系数（K）及包含的内容如下表所示。则该工厂的间接费用为（　　）万美元。

朗格系数（K）		3.003
内容	(a) 包括基础、设备、油漆及设备安装费	$E×1.4$
	(b) 包括上述在内和配管工程费	(a)×1.1
	(c) 装置直接费	(b)×1.5
	(d) 包括上述在内和间接费	(c)×1.3

　　A. 9009　　　　　　　　　　　B. 6930
　　C. 2079　　　　　　　　　　　D. 1350

17. 运用生产能力指数法时，若Q_1与Q_2的比值在2~50之间，且拟建项目规模的扩大仅靠增大设备规模来达到时，则n取值约在（　　）之间。
　　A. 0.5~0.6　　　　　　　　　　B. 0.6~0.7

C. 0.8～0.9 D. 0.5～2

18. ★［2020年陕西］在可行性研究阶段编制投资估算，当编制建筑工程费用估算时，适合采用100m² 断面为单位，用技术标准、结构形式、施工方法相适应的投资估算指标或类似工程造价资料进行估算的是（　　）。
    A. 桥梁 B. 铁路
    C. 隧道 D. 围墙大门

二、多项选择题（每题的备选项中，有2个或2个以上符合题意，至少有1个错项）

1. 下列估算方法，不适用于可行性研究阶段投资估算的有（　　）。
   A. 单位生产能力估算法 B. 比例估算法
   C. 系数估算法 D. 指标估算法
   E. 生产能力指数法

2. 按照指标估算法，建筑工程费用估算一般采用（　　）。
   A. 单位实物工程量投资估算法 B. 工料单价投资估算法
   C. 单位建筑工程投资估算法 D. 概算指标投资估算法
   E. 工程量估算法

3. 采用分项详细估算法进行流动资金估算时，应计入流动负债的是（　　）。
   A. 应付票据 B. 存货
   C. 应付账款 D. 库存资金
   E. 应收账款

4. 关于流动资金的估算，下列表述正确的是（　　）。
   A. 对于存货中的外购原材料和燃料，要分品种和来源，运输方式和运输距离，以及占用流动资金的比重大小等因素考虑其最低周转天数
   B. 流动资金属于短期性流动资产，流动资金的筹措可以通过短期负债和资本金的方式解决
   C. 用扩大指标估算法计算流动资金，应能够在经营成本估算之后进行
   D. 在不同生产负荷下的流动资金，可以直接按照100%生产负荷下的流动资金乘以生产负荷百分比求得
   E. 扩大指标估算法简便易行，但准确度不高，适用于项目建议书阶段的估算

5. 下列属于企业存货的项目有（　　）。
   A. 原材料 B. 设备
   C. 有价证券 D. 在产品
   E. 产成品

答案与解析

一、单项选择题

1. A； 2. D； 3. B； 4. C； 5. C； 6. D； 7. A； 8. B； 9. C； 10. A；
11. C； 12. C； 13. D； 14. B； 15. B； 16. C； 17. B； 18. C。

二、多项选择题

1. ABCE； 2. ACD； 3. AC； 4. ACE； 5. ADE。

单选题解析

多选题解析

第3节 设计概算编制

复习要点

1. 设计概算编制内容及依据

（1）设计概算编制内容

建设项目设计总概算	单项工程综合概算	建筑单位工程概算
		设备及安装单位工程概算
	工程建设其他费用概算	
	预备费、建设期利息概算	
	经营性项目铺底流动资金概算	

（2）设计概算编制依据

设计概算编制依据主要包括：

1）国家、行业和地方有关规定。

2）相应工程造价管理机构发布的概算定额（或指标）。

3）工程勘察与设计文件。

4）拟定或常规的施工组织设计和施工方案。

5）建设项目资金筹措方案。

6）工程所在地编制同期的人工、材料、机械台班市场价格，以及设备供应方式及供应价格。

7）建设项目的技术复杂程度、新工艺、新材料、新技术以及专利使用情况等。

8）建设项目批准的相关文件、合同、协议等。

9）政府有关部门、金融机构等发布的价格指数、利率、汇率、税率以及工程建设其他费用等。

10）其他技术经济资料。

2. 设计概算编制方法

（1）单位工程概算编制方法

单位工程概算分建筑工程概算和设备及安装工程概算两大类。建筑工程概算的编制方法有概算定额法、概算指标法、类似工程预算法；设备及安装工程概算的编制方法有预算单价法、扩大单价法、设备价值百分比法和综合吨位指标法等。

1) 概算定额法

概算定额法又称扩大单价法或扩大结构定额法。该方法要求初步设计达到一定深度，建筑结构尺寸比较明确可以计算各分部或分项工程量时方可采用，这种方法编制出的概算精度较高，但编制工作量大。

利用概算定额法编制设计概算的具体步骤如下：

① 熟悉设计图纸，了解施工条件和主要施工方法。

② 按照概算定额分部分项顺序，列出各分项工程的名称，按工程量计算规则计算各分项工程量。

③ 确定各分部工程项目的概算定额单价。

④ 计算单位工程人工费、材料费和施工机具使用费。

⑤ 结合其他各项取费标准，分别计算企业管理费、利润、规费和税金。

⑥ 汇总上述费用，计算单位工程概算。

2) 概算指标法

当初步设计深度不够，不能正确地计算出工程量，但工程设计技术比较成熟而又有类似工程概算指标可以利用时，可以采用概算指标法编制工程概算。

3) 类似工程预算法

类似工程预算法适用于拟建工程初步设计与已完工程或在建工程的设计相类似且没有可用的概算指标的情况，但必须对建筑结构差异和价差进行调整。

（2）设备及安装工程概算编制方法

1) 设备购置费概算

设备购置费是根据初步设计的设备清单计算出设备原价，并汇总求出设备总原价，然后按有关规定的设备运杂费率乘以设备原价，两项相加即为设备购置费概算。

2) 设备安装工程概算的编制方法

预算单价法	适用条件	初步设计较深，有详细的设备清单
扩大单价法		初步设计深度不够，设备清单不完备，只有主体设备或仅有成套设备重量
设备价值百分比		初步设计深度不够，只有设备出厂价而无详细规格、重量
综合吨位指标法		初步设计提供的设备清单有规格和设备重量

（3）单项工程综合概算的编制方法

单项工程综合概算是以其所包含的建筑工程概算表和设备及安装工程表为基础汇总编制的。

（4）建设项目设计总概算的编制方法

总概算文件一般由编制说明、总概算表及所含综合概算表、其他工程和费用概算表组成。

编制说明应包括：

1) 工程概况。

2) 编制依据。

3) 编制范围。

4) 编制方法。

5) 投资分析。
6) 主要设备和材料数量。
7) 其他有关问题。
(5) 设计概算审查的内容和方法
1) 设计概算审查的重点
设计概算审查一般应包括审查编制依据、编制深度和内容几个方面。
2) 设计概算审查的方法
设计概算审查通常采用的方法有对比分析法、查询核实法和联合会审法。

一、单项选择题（每题的备选项中，只有1个最符合题意）

1. 概算定额是在预算定额的基础上，根据有代表性的建筑工程通用图和标准图等资料，进行综合、扩大和合并而成。因此，建筑工程概算定额，也称为（　　）。
  A. 概算指标　　　　　　　　　　B. 综合结构定额
  C. 扩大结构定额　　　　　　　　D. 补充定额

2. 投资估算精度应满足控制（　　）的要求。
  A. 初步设计概算　　　　　　　　B. 施工图预算
  C. 项目资金筹资计划　　　　　　D. 项目投资计划

3. 按照国家有关规定，作为年度固定资产投资计划、计划投资总额及构成数额的编制和确定依据的是（　　）。
  A. 经批准的投资估算　　　　　　B. 经批准的设计概算
  C. 经批准的施工图预算　　　　　D. 经批准的工程决算

4. 某建设项目由若干单项工程构成，应包含在其中某单项工程综合概算中的费用项目是（　　）。
  A. 工器具及生产家具购置费　　　B. 办公和生活用品购置费
  C. 研究试验费　　　　　　　　　D. 基本预备费

5. 采用概算定额法编制设计概算的主要工作有：①列出分部工程的项目名称并计算工程量；②熟悉图纸了解设计意图；③计算单位工程概算造价；④计算人工、材料、机械费用；⑤确定各分部工程的概算定额单价；⑥计算企业管理费、利润和增值税；⑦编写概算编制说明。下列工作排序正确的是（　　）。
  A. ②①⑤④⑥③⑦　　　　　　　B. ②③①⑤④⑥⑦
  C. ③②①④⑤⑥⑦　　　　　　　D. ②①③⑤④⑥⑦

6. 在建筑工程初步设计文件深度不够、不能正确计算出工程量的情况下，可采用的设计概算编制方法是（　　）。
  A. 概算定额法　　　　　　　　　B. 概算指标法
  C. 预算单价法　　　　　　　　　D. 综合吨位指标法

7. 某工程已有详细的设计图纸，建筑结构非常明确，采用的技术很成熟，则编制该单位建筑工程概算精度最高的方法是（　　）。
  A. 概算定额法　　　　　　　　　B. 概算指标法
  C. 类似工程预算法　　　　　　　D. 修正的概算指标法

8. 在对某建设项目设计概算审查时，找到了与其关键技术基本相同、规模相近的同类项目的设计概算和施工图预算材料，则该建设项目的设计概算最适合的审查方法是（　　）。
    A. 标准审查法　　　　　　　　B. 分组计算审查法
    C. 对比分析法　　　　　　　　D. 查询核实法

9. 某建设项目投资规模较大，土建部分工程量较小，从国外引进的生产线等关键设备占投资比重较大，可对该项目概算进行审查最适合的方法是（　　）。
    A. 联合会审法　　　　　　　　B. 查询核实法
    C. 分组计算审查法　　　　　　D. 对比分析法

10. 某工程初步设计深度不够，不能正确计算工程量，但工程设计采用的技术比较成熟，又有类似工程概算指标可以利用，则编制该工程概算适合采用的方法是（　　）。
    A. 概算定额法　　　　　　　　B. 类似工程预算法
    C. 概算指标法　　　　　　　　D. 预算单价法

11. 设计总概算是设计单位编制和确定的建设工程项目从筹建至（　　）所需全部费用的文件。
    A. 竣工验收、交付使用　　　　B. 办理完竣工决算
    C. 项目报废　　　　　　　　　D. 施工保修期满

12. 某单位建筑工程初步设计已达到一定深度，建筑结构明确，能够计算出概算工程量，则编制该单位建筑工程概算最适合的方法是（　　）。
    A. 类似工程预算法　　　　　　B. 概算预算法
    C. 概算定额法　　　　　　　　D. 生产能力指数法

13. 某拟建工程初步设计已达到必要的深度，能够据此计算出扩大分项工程的工程量，则能较为正确地编制拟建工程概算的方法是（　　）。
    A. 概算指标法　　　　　　　　B. 类似工程预算法
    C. 概算定额法　　　　　　　　D. 综合吨位指标法

14. 下列内容中，属于设计概算审查内容的是（　　）。
    A. 分年投资计划的可行性
    B. 总概算是否超过批准的投资估算的15%
    C. 设备规格、数量、配置是否符合设计要求
    D. 是否将总投资分列为静态投资和动态投资

15. 当初步设计深度不够，只有设备出厂价而无详细规格、重量时，编制设备及安装工程概算可选用的方法是（　　）。
    A. 设备价值百分比法　　　　　B. 设备系数法
    C. 综合吨位指标法　　　　　　D. 预算单价法

16. 与一般工业项目相比，技术复杂、在设计时有一定难度的工程通常设计分三个阶段进行，其中增加的阶段是（　　）。
    A. 初步设计　　　　　　　　　B. 技术设计
    C. 施工图设计　　　　　　　　D. 施工设计

17. 下列不属于单位建筑工程概算的是（　　）。

A. 给水排水、采暖工程概算　　B. 热力设备及安装工程概算
C. 特殊构筑物工程概算　　　　D. 通风、空调工程概算

18. 设计概算的三级概算是指（　　）。
   A. 建筑工程概算、安装工程概算、设备及工器具购置费概算
   B. 建设投资概算、建设期利息概算、铺底流动资金概算
   C. 主要工程项目概算、辅助和服务性工程项目概算、室内外工程项目概算
   D. 单位工程概算、单项工程综合概算、建设项目总概算

19. 单位工程概算按其工作性质可分为单位建筑工程概算和单位设备及安装工程概算两类，下列属于单位设备及安装工程概算的是（　　）。
   A. 通风、空调工程概算　　　B. 工器具及生产家具购置费概算
   C. 电气、照明工程概算　　　D. 弱电工程概算

20. 在单项工程综合概算内容中，电气、照明工程概算属于（　　）。
   A. 单位建筑工程概算　　　　B. 设备购置费概算
   C. 安装单位工程概算　　　　D. 工器具购置费概算

21. 当建设项目为一个单项工程时，其设计概算应采用的编制形式是（　　）。
   A. 单位工程概算、单项工程综合概算和建设项目总概算二级
   B. 单位工程概算和单项工程综合概算二级
   C. 单项工程综合概算和建设项目总概算二级
   D. 单位工程概算和建设项目总概算二级

22. 某地拟建一工程，与其类似的已完工程单方工程造价为 4500 元/m²，其中人工、材料、施工机具使用费分别占工程造价的 15％、55％和 10％，拟建工程地区与类似工程地区人工、材料、施工机具使用费差异系数分别为 1.05、1.03 和 0.98。假定以人、材、机费用之和为基数取费，综合费率为 25％。用类似工程预算法计算的拟建工程造价指标为（　　）元/m²。
   A. 3699.00　　　　　　　　B. 4590.75
   C. 4599.00　　　　　　　　D. 4623.75

23. 对于价格波动不大的定型产品和通用设备产品，适合采用的设备及安装工程概算编制方法是（　　）。
   A. 预算单价法　　　　　　　B. 设备价值百分比法
   C. 扩大单价法　　　　　　　D. 综合吨位指标法

24. 在用类似工程预算法编制工程概算时，用价差公式对类似工程的成本单价进行调整，下列不属于成本单价的是（　　）。
   A. 人工费　　　　　　　　　B. 施工机具使用费
   C. 企业管理费　　　　　　　D. 规费

25. 已知概算指标中的供料单价为 350 元/m，每平方米建筑面积所分摊的毛石基础为 0.8m³，毛石基础单价为 70 元/m³，现准备建造一个类似的建筑物，是采用钢筋混凝土带形基础，若每平方米建筑面积所分摊的钢筋混凝土带形基础为 0.7m³，钢筋混凝土带形基础单价为 120 元/m³，则该拟建建筑物的修正概算指标为（　　）元/m²。
   A. 322　　　　　　　　　　B. 378

C. 350　　　　　　　　　　　　D. 400

26. 在用类似工程预算法编制工程概算时，价差调整公式中不包括（　　）。
   A. 类似工程预算的规费占预算成本的比重
   B. 类似工程预算的企业管理费占预算成本的比重
   C. 类似工程预算的施工机具使用费占预算成本的比重
   D. 类似工程预算的材料费占预算成本的比重

27. 在单位设备及安装工程概算编制方法中，综合吨位指标法通常适用于（　　）。
   A. 价格波动不大的定型产品和通用设备产品
   B. 设备价格波动较大的非标准设备和引进设备
   C. 初步设计较深，有详细的设备清单
   D. 初步设计深度不够，设备清单不完备

28. 当设计方案急需造价估算而又有类似工程概算指标可以利用时，比较适用的建筑工程概算编制方法是（　　）。
   A. 概算定额法　　　　　　　　B. 概算指标法
   C. 类似工程预算法　　　　　　D. 预算单价法

29. ★［2020年浙江］当初步设计深度较深、有详细的设备清单时，最能精确地编制设备及安装工程概算的方法是（　　）。
   A. 预算单价法　　　　　　　　B. 扩大单价法
   C. 设备价值百分比法　　　　　D. 综合吨位指标法

二、多项选择题（每题的备选项中，有2个或2个以上符合题意，至少有1个错项）

1. 设备及安装工程概算的编制方法有（　　）。
   A. 预算单价法　　　　　　　　B. 类似工程预算法
   C. 综合吨位法　　　　　　　　D. 扩大单价法
   E. 单位估价表法

2. 某建设项目由厂房、办公楼、宿舍等单项工程组成，则可包含在各单项工程综合概算中的内容有（　　）。
   A. 机械设备及安装工程概算　　B. 电气设备及安装工程概算
   C. 工程建设其他费用概算　　　D. 特殊构筑物工程概算
   E. 流动资金概算

3. 下列属于审查实际概算的方法有（　　）。
   A. 全面审查法　　　　　　　　B. 联合会审法
   C. 查询核算法　　　　　　　　D. 对比分析法
   E. 分解审查法

4. 单位建筑工程概算的常用编制方法有（　　）。
   A. 概算定额法　　　　　　　　B. 预算定额法
   C. 概算指标法　　　　　　　　D. 类似工程预算法
   E. 生产能力指标法

5. 三级概算文件编制形式的组成内容有（　　）。
   A. 建设项目总概算　　　　　　B. 建筑工程概算

C. 综合概算 D. 分部分项工程费概算
E. 单位工程概算

6. 关于设计概算的编制，下列计算式正确的是（ ）。
   A. 单位工程概算＝人工费＋材料费＋施工机具使用费＋企业管理费＋利润
   B. 单位工程概算＝人工费＋材料费＋施工机具使用费＋企业管理费＋利润＋规费＋增值税
   C. 单项工程综合概算＝建筑工程费＋安装工程费＋设备及工器具购置费
   D. 单项工程综合概算＝建筑工程费＋安装工程费＋设备及工器具购置费＋工程建设其他费用
   E. 建设项目总概算＝各单项工程综合概算＋建设期利息＋预备费

7. 下列原因中，能据以调整设计概算的是（ ）。
   A. 超出原设计范围的重大变更
   B. 超出承包人预期的货币贬值和汇率变化
   C. 超出基本预备费规定范围的不可抗拒重大自然灾害引起的工程变动和费用增加
   D. 超出价差预备费的国家重大政策性调整
   E. 超出原设计费用之外的变更

8. 下列投资概算中，属于建筑单位工程概算的是（ ）。
   A. 机械设备及安装工程概算   B. 土建工程概算
   C. 电气设备及安装工程概算   D. 工器具及生产家具购置费用概算
   E. 通风空调工程概算

9. 下列文件中，包括在建设项目总概算文件中的有（ ）。
   A. 总概算表   B. 单项工程综合概算表
   C. 工程建设其他费用概算表   D. 主要建筑安装材料汇总表
   E. 分年投资计划表

答案与解析

一、单项选择题
1. C； 2. A； 3. B； 4. A； 5. A； 6. B； 7. A； 8. C； 9. B； 10. C；
11. A； 12. C； 13. C； 14. C； 15. A； 16. B； 17. B； 18. D； 19. B； 20. A；
21. D； 22. D； 23. B； 24. D； 25. B； 26. A； 27. B； 28. B； 29. A。

二、多项选择题
1. ACD； 2. ABD； 3. BCD； 4. ACD； 5. ACE； 6. BC； 7. ACD； 8. BE；
9. ABCD。

单选题解析

多选题解析

第4节 施工图预算编制

> **复习要点**

1. 施工图预算编制的内容及依据

（1）施工图预算的概念

施工图预算是根据设计图纸、现行预算定额、费用定额以及地区设备、材料、人工、施工机械台班等预算价格编制和确定的建筑安装工程造价文件。

（2）施工图预算的作用

对投资方的作用	是控制造价及资金合理使用的依据
	确定工程最高投标限价或工程招标标底的依据
	可以作为确定合同价款、拨付工程进度款及办理结算的依据
对施工方的作用	建筑施工企业确定投标报价的基础
	是施工企业进行施工准备的依据
	是控制施工企业工程成本的依据
对其他方面的作用	关于工程咨询单位而言，尽可能客观、正确地为委托方做出施工图预算，是其业务水平、素质和信誉的体现
	关于造价管理部门来说，施工图预算是其监督、检查执行定额标准、测算造价指数以及审定工程最高投标限价（或标底）的重要依据

（3）施工图预算编制的内容

单位工程预算	根据施工图设计文件、现行预算定额、费用定额以及人工、材料、设备、机械台班等预算价格资料，以一定方法，编制单位工程的施工图预算	
单位工程预算分类	建筑工程预算	一般土建、装饰装修、给水排水、采暖通风、煤气、电气照明、弱电工程、特殊构筑物如煤窑等工程预算和工业管道工程预算等
	设备安装工程预算	机械设备、电气和热力设备安装工程预算等

（4）施工图预算编制的依据

1）国家、行业和地方有关规定。
2）经过批准和会审的施工图设计文件及相关标准图集。
3）施工组织设计和施工方案。
4）项目相关文件、合同、协议等。
5）工程所在地的人工、材料、设备、施工机械市场价格。
6）与施工图预算计价模式相关的计价依据。
7）项目的管理模式、发包模式及施工条件。
8）工程招标文件、招标工程量清单、工程合同或协议书。
9）预算工作手册等工具书和资料。

（5）施工图预算的两种模式

按照预算造价的计算方式和管理方式的不同，施工图预算可以划分为两种计价模式，即传统计价模式和工程量清单计价模式。

2. 施工图预算编制的方法

施工图预算编制可以采用工料单价法和综合单价法两种计价方法。工料单价法是传统计价模式采用的计价方式，综合单价法是工程量清单计价模式采用的计价方式。

工料单价法	按照分部分项工程单价产生的方法不同划分	预算单价法
		实物量法
综合单价法	按照单价综合内容的不同划分	全费用综合单价
		部分费用综合单价

3. 施工图预算的审查

（1）施工图预算审查的内容

1）审查工程量。

2）审查单价。采用实物法编制预算时，审查资源单价是否反映了市场供需状况和市场趋势。

3）审查其他的相关费用。

（2）施工图预算审查的方法

方法	特点
逐项审查法	全面、细致，质量高、效果好；工作量大，时间较长
标准预算审查法	时间较短，效果好；应用范围较小，仅适用于采用标准图纸的工程
分组计算审查法	审查速度快，工作量小；精度较差
对比审查法	速度快，需要丰富的相关工程数据库作为开展工作的基础
重点抽查法	重点突出，时间较短，效果好；对审查人员的专业素质要求较高，在审查人员经验不足或了解情况不够的情况下，极易造成判断失误，严重影响审查结论的正确性

一、单项选择题（每题的备选项中，只有1个最符合题意）

1. 在传统计价模式中，编制施工图预算的要素价格是根据（　　）确定的。
   A. 企业定额　　　　　　　　　B. 市场价格
   C. 要素信息价　　　　　　　　D. 预算定额

2. 实物量法和预算单价法在编制施工图预算的主要区别在于（　　）不同。
   A. 依据的定额　　　　　　　　B. 工程量的计算规则
   C. 人、料、机费用的计算过程和方法　D. 确定利润的方法

3. 施工图预算包括：单位工程预算、单项工程预算和（　　）。
   A. 分部分项工程预算　　　　　B. 其他项目预算
   C. 零星项目预算　　　　　　　D. 建设项目总预算

4. 施工图预算造价中，变化最大的是（　　）。
   A. 机械费　　　　　　　　　　B. 人工费
   C. 设备、材料费　　　　　　　D. 相关费用

5. 拟建工程和已建工程采用同一套设计施工图，但基础部分及现场条件不同，适合用（ ）。
   A. 对比审查法　　　　　　　　　B. 标准预算审查法
   C. 全面审查法　　　　　　　　　D. 分组计算审查法

6. 在施工图预算审查的方法中，（ ）按预算定额顺序或施工的先后顺序，逐项全部进行审查的方法。
   A. 筛选审查法　　　　　　　　　B. 标准预算审查法
   C. 全面审查法　　　　　　　　　D. 对比审查法

7. 下列属于施工图预算重点审查法审查特点的是（ ）。
   A. 审查时间长　　　　　　　　　B. 适合审查造价较低的各种工程
   C. 审查的重点一般是工程量大的工程　D. 仅适用于采用用标准图纸的工程

8. 预算单价法编制施工图预算的过程包括：①计算工程量；②套用定额单价，计算人、料、机费用；③计算其他各项费用汇总造价；④工料分析；⑤准备资料，熟悉施工图纸。正确的排列顺序是（ ）。
   A. ④⑤②①③　　　　　　　　　B. ④⑤①②③
   C. ⑤②①③④　　　　　　　　　D. ⑤①②④③

9. 采用预算单价法计算工程费用时，若分项工程施工工艺条件与预算单价或单位估价表不一致而造成人工、机械的数量增减时，对预算单价的处理方法一般是（ ）。
   A. 编制补充单价表　　　　　　　B. 直接套用定额单价
   C. 调量不换价　　　　　　　　　D. 按实际价格换算定额单价

10. 当建设工程条件相同时，用同类已完工程的预算或未完但已经过审查修正的工程预算审查拟建工程的方法是（ ）。
    A. 标准预算审查法　　　　　　　B. 对比审查法
    C. 筛选审查法　　　　　　　　　D. 全面审查法

11. 审查精度高、效果好，但工作量大、时间较长的施工图预算审查方法是（ ）。
    A. 逐项审查法　　　　　　　　　B. 重点审查法
    C. 对比审查法　　　　　　　　　D. 筛选审查法

12. 对采用通用图纸的多个工程施工图预算进行审查时，为节省时间，宜采用的审查方法是（ ）。
    A. 逐项审查法　　　　　　　　　B. 筛选审查法
    C. 对比审查法　　　　　　　　　D. 标准预算审查法

13. 具有审查全面、审查效果好等优点，但只适宜于规模小、工艺较简单的工程预算审查的方法是（ ）。
    A. 分组计算审查法　　　　　　　B. 逐项审查法
    C. 对比审查法　　　　　　　　　D. 标准预算审查法

14. 实物量法编制施工图预算时采用的人工、材料、机械的单价应为（ ）。
    A. 项目所在地定额基价中的价格　B. 预测的项目建设期的市场价格
    C. 当时当地的实际价格　　　　　D. 定额编制时的市场价格

15. 关于采用预算单价法编制施工图预算的说法，错误的是（ ）。

A. 当分项工程的名称、规格、计量单位与定额单价中所列内容完全一致时，可直接套用预算单价
B. 当分项工程施工工艺条件与预算单价不一致而造成人工、机械的数量增减时，应调价不换量
C. 当分项工程的主要材料的品种与预算单价中规定的材料不一致时，应该按照实际使用材料价格换算预算单价
D. 当分项工程不能直接套用预算，不能换算和调整时，应编制补充单位估价表

16. 按照工程量清单计价规定，分部分项工程量清单应采用综合单价计价，该综合单价中不包括的费用是（　　）。
   A. 措施费　　　　　　　　　　B. 管理费
   C. 利润　　　　　　　　　　　D. 风险费用

17. 关于建设费工程预算，符合组合与分解层次关系的是（　　）。
   A. 单位工程预算、单位工程综合预算、类似工程预算
   B. 单位工程预算、类似工程预算、建设项目总预算
   C. 单位工程预算、单项工程综合预算、建设项目总预算
   D. 单位工程综合预算、类似工程预算、建设项目总预算

18. 关于施工图预算的作用，下列说法正确的是（　　）。
   A. 施工图预算可以作为业主拨付工程进度款的基础
   B. 施工图预算是工程造价管理部门制定最高投标限价的依据
   C. 施工图预算是业主方控制工程成本的依据
   D. 施工图预算是施工单位安排建筑资金计划的依据

19. 在工料单价法施工图预算编制过程中，下列属于列项并计算工程量步骤的是（　　）。
   A. 根据工程内容和定额项目，列出需计算工程量的分部分项工程
   B. 收集市场材料价格
   C. 熟悉施工图等基础资料
   D. 了解施工组织设计和施工现场情况

20. 用工料单价法计算建筑安装工程费时需套用定额预算单价时，下列做法正确的是（　　）。
   A. 分项工程名称与定额名称完全一致时，直接套用定额预算单价
   B. 分项工程计量单位与定额计量单位完全一致时，直接套用定额预算单价
   C. 分项工程主要材料品种与预算定额不一致时，直接套用定额预算单价
   D. 分项工程施工工艺条件与预算定额不一致时，调整定额预算单价后套用

21. 采用定额单价法编制单位工程预算时，在进行工料分析后紧接着的下一步骤是（　　）。
   A. 计算人、材、机费用　　　　B. 计算企业管理费、利润、规费、税金等
   C. 复核工程量的准确性　　　　D. 套用定额预算单价

22. 当用工料单价法编制施工图预算时，税金的计算应在以下哪个步骤完成（　　）。
   A. 复核　　　　　　　　　　　B. 按计价程序计取其他费用

C. 套用定额预算单价　　　　　　D. 计算直接费

23. 采用定额单价法编制施工图预算时，下列做法正确的是(　　)。
   A. 若分项工程主要材料品种与预算单价规定材料不一致，需要按实际使用材料价格换算预算单价
   B. 因施工工艺条件与预算单价不一致而致工人、机械的数量增加，只调价不调量
   C. 因施工工艺条件与预算单价不一致而致工人、机械的数量减少，既调价又调量
   D. 对于定额项目计价中未包括的主材费用，应按造价管理机构发布的造价信息价补充进定额基价

24. 在用工料单价法编制施工图预算时，当分项工程的主要材料品种与预算单价或单位估价表中规定材料不一致时，可以(　　)。
   A. 按实际使用材料价格换算预算单价
   B. 直接套用预算单价
   C. 按实际需要对人工、材料、机械价格进行调整
   D. 重新选择适用的定额单价

25. 采用工料单价法编制施工图预算，在套用定额预算单价时，若分项工程施工工艺条件与预算单价或单位估价表不一致而造成人工、机械的数量增减时，一般(　　)。
   A. 调量不调价　　　　　　　　　B. 调价不调量
   C. 既不调价也不调量　　　　　　D. 既调价也调量

26. 在用工料单价法编制施工图预算时，列项并计算工程量工作程序中，在"根据工程内容和定额项目，列出计算工程量的分部分项工程"步骤后，紧接着的工作是(　　)。
   A. 根据施工图纸上的设计尺寸及有关数据，代入计算式进行数值计算
   B. 对计量单位进行调整
   C. 根据一定的计算顺序和计算规则，列出分部分项工程量的计算式
   D. 套用定额预算单价，计算人、材、机费

27. 预算审查方法中，应用范围相对较小的方法是(　　)。
   A. 全面审查法　　　　　　　　　B. 重点抽查法
   C. 分解对比审查法　　　　　　　D. 标准预算审查法

28. 审查施工图预算，应首先从审查(　　)开始。
   A. 定额使用　　　　　　　　　　B. 工程量
   C. 设备材料价格　　　　　　　　D. 人工、机械使用价格

二、多项选择题（每题的备选项中，有2个或2个以上符合题意，至少有1个错项）

1. 关于传统计价模式下施工图预算的作用，下列说法正确的是(　　)。
   A. 施工图预算是施工单位确定投标报价的依据
   B. 施工图预算是施工单位进行施工准备的依据
   C. 施工图预算是报审项目投资额的依据
   D. 施工图预算是监督检查执行定额标准的依据
   E. 施工图预算是控制施工成本的依据

2. 施工图预算的编制依据包括(　　)。
   A. 工程合同　　　　　　　　　　B. 施工方案

C. 地方政府发布的区域发展规划　　D. 批准的施工图纸
E. 施工组织设计

3. 对施工单位而言，施工图预算是（　　）的依据。
   A. 确定投标报价　　　　　　　B. 控制施工成本
   C. 进行贷款　　　　　　　　　D. 编制工程概算
   E. 进行施工准备

4. 关于施工图预算对投资方的作用，下列说法正确的是（　　）。
   A. 是控制施工图设计不突破设计概算的重要措施
   B. 是确定工程最高投标限价的依据
   C. 是投标报价的基础
   D. 是与施工预算进行"两算"对比的依据
   E. 是调配施工力量、组织材料供应的依据

5. 施工图预算审查的重点包括（　　）。
   A. 审查相关的技术规范是否有错误
   B. 审查工程量计算是否正确
   C. 审查施工图预算编制中定额套用是否恰当
   D. 审查各项收费标准是否符合现行规定
   E. 审查施工图设计方案是否合理

6. 施工图预算对投资方、施工企业都具有十分重要的作用。下列选项中仅属于施工企业作用的有（　　）。
   A. 确定合同价款的依据　　　　B. 控制资金合理使用的依据
   C. 控制工程施工成本的依据　　D. 进行施工准备的依据
   E. 办理工程结算的依据

7. 关于施工图预算的作用，下列说法正确的是（　　）。
   A. 施工图预算可以作为业主拨付工程进度款的基础
   B. 施工图预算是工程造价管理部门制定最高投标限价的依据
   C. 施工图预算是施工企业进行施工准备的依据
   D. 施工图预算是业主方进行施工图预算与施工预算"两算"对比的依据
   E. 施工图预算是施工单位安排建设资金计划的依据

8. 施工图预算的编制可以采用（　　）。
   A. 预算单价法　　　　　　　　B. 扩大单价法
   C. 工料单价法　　　　　　　　D. 直接费单价法
   E. 综合单价法

9. 在工料单价法下，套用预算定额预算单价时，下列说法正确的是（　　）。
   A. 直接套用预算单价要求分项工程的名称、规格、计量单位与预算单价所列内容完全一致
   B. 分项工程的主要材料品种与预算单价或单位估价表中规定材料不一致时，需要按实际使用材料价格换算预算单价
   C. 计算完成后将主材费的价差加入人、材、机费。主材费计算的依据是当时当地

的市场价格

D. 从定额项目表中分别将各分项工程消耗的每项材料和人工的定额消耗量查出

E. 分项工程施工工艺条件与预算单价不一致而造成人工、机械的数量增减时，一般调量不调价

10. ★ ［2020年陕西］施工图预算是建设程序中一个重要的技术经济文件，下列各项中属于施工图预算对投资方的作用的是(　　)。

A. 调配施工力量、组织材料供应的依据

B. 控制造价及资金合理使用的依据

C. 确定合同价款、拨付工程进度款的依据

D. 建筑工程预算包干的依据

E. 确定工程最高投标限价的依据

答案与解析

一、单项选择题

1. D；　2. C；　3. D；　4. C；　5. A；　6. C；　7. C；　8. D；　9. C；　10. B；
11. A；　12. D；　13. B；　14. C；　15. B；　16. A；　17. C；　18. A；　19. A；　20. D；
21. B；　22. B；　23. A；　24. A；　25. A；　26. C；　27. D；　28. B。

二、多项选择题

1. ABDE；　2. ABDE；　3. ABE；　4. AB；　5. BCD；　6. CD；　7. AC；
8. CE；　9. ABE；　10. BCE。

单选题解析

多选题解析

第6章 工程施工招标投标阶段造价管理

第1节 工程施工招标投标概述

复习要点

1. 施工招标方式和程序

(1) 建设工程强制施工招标的范围

① 全部或者部分使用国有资金投资或者国家融资的项目包括	使用预算资金 200 万元人民币以上，并且该资金占投资额 10%以上的项目
	使用国有企业事业单位资金，并且该资金占控股或者主导地位的项目
② 使用国际组织或者外国政府贷款、援助资金的项目包括	使用世界银行、亚洲开发银行等国际组织贷款、援助资金的项目
	使用外国政府及其机构贷款、援助资金的项目
③不属于以上①、②规定情形的大型基础设施、公用事业等关系社会公共利益、公众安全的项目，必须招标的具体范围由国务院发展改革部门会同国务院有关部门按照确有必要、严格限定的原则制定，报国务院批准	
④ 属于规定范围内的项目，其勘察、设计、施工、监理以及与工程建设有关的重要设备、材料等的采购达到下列标准之一的，必须招标	施工单项合同估算价在 400 万元人民币以上
	重要设备、材料等货物的采购，单项合同估算价在 200 万元人民币以上
	勘察、设计、监理等服务的采购，单项合同估算价在 100 万元人民币以上

关于国家安全、国家秘密、抢险救灾或者属于利用扶贫资金实行以工代赈、需要使用农民工等特殊情况，不适宜进行招标的项目，按照国家有关规定可以不进行招标。此外，有下列情形之一的，也可以不进行招标：

① 需要采用不可替代的专利或者专有技术。
② 采购人依法能够自行建设、生产或者提供。
③ 已通过招标方式选定的特许经营项目投资人依法能够自行建设、生产或者提供。
④ 需要向原中标人采购工程、货物或者服务，否则将影响施工或者功能配套要求。
⑤ 国家规定的其他特殊情形。

(2) 建设工程施工招标的方式

	优点	缺点
公开招标	① 招标人有较广的选择范围，投标竞争激烈，择优率高，有利于招标人将工程项目交予可靠的承包商实施，并获得有竞争性的报价； ② 同时，也可以在较大程度上避免招标过程中的贿标行为	① 工作量大、招标时间长、费用高； ② 投标风险越大，损失的费用越多
邀请招标	节约了招标费用、缩短了招标时间	投标竞争激烈程度较差，可能会提高中标合同价，也有可能会失去技术上和报价上有竞争力的投标者

依法必须招标的工程建设项目，应当具备下列条件：
① 招标人已经依法成立。
② 初步设计及概算应当履行审批手续的，已经批准。
③ 招标范围、招标方式和招标组织形式等应当履行核准手续的，已经批准。
④ 有相应资金或资金来源已经落实。
⑤ 有招标所需的设计图纸及技术资料。

2. 施工招投标文件组成
（1）施工招标文件的内容及编制要求

① 招标公告（或投标邀请书）			
② 投标人须知	总则	招标文件	投标文件
	投标	开标	评标
	合同授予	重新招标和不再招标	纪律和监督
	需要补充的其他内容		
③ 评标办法	评标办法可选择经评审的最低投标价法和综合评估法		
④ 合同条款及格式	包括通用合同条款、专用合同条款以及各种合同附件的格式		
⑤ 工程量清单（最高投标限价）		⑥ 图纸	
⑦ 技术标准和要求		⑧ 投标文件格式	
⑨ "投标人须知前附表"规定的其他材料			

（2）施工投标文件的内容及编制要求

① 投标函及投标函附录	一般要明确投标总报价、工期、施工质量等级等相关承诺		
② 法定代表人身份证明或附有法定代表人身份证明的授权委托书	法定代表人身份证明一般包括单位名称、地址、经营年限，以及法定代表人姓名和身份证号码信息；授权委托书一般明确参与投标活动代理人的相关信息		
③ 联合体协议书	一般要明确联合体成员单位、牵头单位名称，以及各自的职责分工		
④ 投标保证金	投标保证金的数额不得超过项目估算价的2%		
⑤ 已标价工程量清单	⑥ 施工组织设计	⑦ 项目管理机构	
⑧ 拟分包项目情况表	⑨ 资格审查资料	⑩ 规定的其他材料	

3. 施工合同示范文本

通用合同条款规定，组成合同的各项文件应互相解释，互为说明。除专用合同条款另有约定外，施工合同文件的优先解释顺序如下：

（1）合同协议书。
（2）中标通知书。
（3）投标函及其附录。
（4）专用合同条款。
（5）通用合同条款。
（6）技术标准和要求。
（7）图纸。
（8）已标价工程量清单。
（9）其他合同文件。

4. 施工合同管理

一、单项选择题（每题的备选项中，只有1个最符合题意）

1. 《招标投标法》规定，在中华人民共和国境内，工程建设项目必须进行招标的是（　　）。
   A. 全部使用国有资金的项目　　B. 非外国政府贷款项目
   C. 特定专利项目　　　　　　　D. 私人投资项目

2. 下列文件中，属于要约邀请文件的是（　　）。
   A. 投标书　　　　　　　　　　B. 中标通知书
   C. 招标公告　　　　　　　　　D. 承诺书

3. 关于《标准施工招标文件》(2017年版)中通用合同条款的说法，正确的是（　　）。
   A. 通用合同条款适用于设计和施工属于同一个承包商的施工招标
   B. 通用合同条款同时适用于单价合同和总价合同
   C. 通用合同条款只适用于单价合同
   D. 通用合同条款只适用于总价合同

4. 根据《招标投标法》的规定，招标人对已发出的招标文件进行必要的澄清或修改的，应当在招标文件要求提交投标文件截止时间至少（　　）日之前书面通知。
   A. 7　　　　　　　　　　　　　B. 15
   C. 14　　　　　　　　　　　　 D. 21

5. 缺陷责任期的开始起算日期为（　　）。
   A. 工程完工之日　　　　　　　B. 竣工验收申请之日
   C. 竣工验收之日　　　　　　　D. 竣工验收后30天

6. 施工合同文件包括：①通用合同条款；②专用合同条款及其附件；③已标价工程量清单或预算书；④中标通知书；⑤技术标准和要求；⑥投标函及其附录；⑦施工合同协议书；⑧其他合同文件；⑨图纸，按优先解释顺序排列正确的是（　　）。
   A. ⑦→⑨→④→②→①→⑤→⑥→③→⑧
   B. ⑦→④→⑥→②→①→⑤→⑨→③→⑧

C. ⑦→③→⑤→②→①→⑥→④→⑨→⑧
D. ⑦→②→①→⑤→④→③→⑥→⑨→⑧

7. 招标人采用邀请招标方式的，应当向（　　）个以上具备承担招标项目的能力、资信良好的特定的法人或其他组织发出投标邀请书。
  A. 2　　　　　　　　　　　　B. 3
  C. 5　　　　　　　　　　　　D. 7

8. 下列不属于公开招标的优点的是（　　）。
  A. 投标竞争不激烈，择优率更高
  B. 在较广的范围内选择承包商
  C. 在较大程度上避免招标过程中的贿标行为
  D. 易于获得有竞争性的商业报价

9. 根据《招标投标法》的规定，可以不在招标公告中载明的是（　　）。
  A. 招标人的名称和地址　　　　B. 招标项目的性质、数量
  C. 招标项目的技术要求　　　　D. 获取招标文件的办法

10. 关于施工招标工程的履约担保，下列说法正确的是（　　）。
  A. 中标人应在签订合同后向招标人提交履约担保
  B. 履约保证金不得超过中标合同金额的5％
  C. 招标人仅对现金形式的履约担保，向中标人提供工程款支付担保
  D. 发包人应在工程接受证书颁发后28天内将履约保证金退还给承包人

11. 招标工程未进行资格预审，评审委员会按规定对投标人安全生产许可证的有效性进行的评审属于（　　）。
  A. 形式评审　　　　　　　　　B. 资格评审
  C. 响应性评审　　　　　　　　D. 商务评审

12. 关于经评审的最低投标价法的适用范围，下列说法正确的是（　　）。
  A. 适用于资格后审而不适用于资格预审的项目
  B. 使用与依法必须招标的项目而不适用于一般项目
  C. 适用于具有通用技术性能标准或招标人对其技术、性能没有特殊要求的项目
  D. 适用于凡不宜采用综合评估法评审的项目

13. 关于合同价款与合同类型，下列说法正确的是（　　）。
  A. 招标文件与投标文件不一致的地方，以招标文件为准
  B. 中标人应当自中标通知书收到之日起30天内与招标人订立书面合同
  C. 工期特别近、技术特别复杂的项目应采用总价合同
  D. 实行工程量清单计价的工程，应采用单价合同

14. 下列关于投标人须知描述错误的是（　　）。
  A. 在正文中的未尽事宜可以通过"投标人须知前附表"进行进一步明确
  B. "投标人须知前附表"由招标人根据招标项目具体特点和实际需要编制和填写
  C. "投标人须知前附表"无须与招标文件的其他章节相衔接
  D. "投标人须知前附表"不得与投标人须知正文内容相抵触

15. 如果修改招标文件的时间距投标截止时间不足（　　）天，相应推后投标截止时间。

A. 7 B. 14
C. 15 D. 20

16. 在招标投标过程中，载明招标文件获取方式的应是（　　）。
A. 招标公告 B. 资格预审公告
C. 招标文件 D. 投标文件

17. 根据《标准施工招标文件》（2017 年版），进行了资格预审的施工招标文件应包括（　　）。
A. 招标公告 B. 投标资格条件
C. 投标邀请书 D. 评标委员会名单

18. 根据《标准施工招标文件》（2017 年版），施工合同文件包括下列内容：①已标价工程量清单；②技术标准和要求；③中标通知书，仅就上述三项内容而言，合同文件的优先解释顺序是（　　）。
A. ①→②→③ B. ③→①→②
C. ②→①→③ D. ③→②→①

19. 根据《标准施工招标文件》（2017 年版）的规定，合同价格是指（　　）。
A. 合同协议书中写明的合同总金额
B. 合同协议书中写明的不含股价的合同总金额
C. 合同协议书中写明的不含暂列金额的合同总金额
D. 承包人完成全部承包工作后的工程估算价格

20. 合同约定不得违背招、投标文件中关于工期、造价、质量等方面的实质性内容，招标文件与中标人投标文件不一致的地方，以（　　）为准。
A. 招标文件 B. 投标文件
C. 双方协商后的协议 D. 工程造价咨询机构确定的内容

21. 下列初步评审标准中属于响应性评审标准的是（　　）。
A. 工程进度计划与措施 B. 投标报价校核
C. 投标文件格式符合要求 D. 联合体投标人已提交联合体协议书

22. 投标文件应实质上响应招标文件的所有条款，无显著差异和保留。下列情形中，属于无显著差异和保留的是（　　）。
A. 对招标人的权利造成实质性限制而未影响投标人的义务
B. 对投标人的义务造成实质性限制而未影响招标人的权利
C. 纠正差异对该投标人有利而对其他投标人不利
D. 纠正差异对该投标人不利而对其他投标人有利

23. 评标程序中，下列属于初步审查形式评审的是（　　）。
A. 申请人名称与营业执照一致 B. 资质等级是否符合有关规定
C. 具备有效的营业执照 D. 具备有效的安全生产许可证

24. 根据《标准施工招标文件》（2017 年版）的规定，对于施工现场发掘的文物。发包人、监理人和承包人应按要求采取妥善保护措施，由此导致的费用增加应由（　　）承担。
A. 承包人 B. 发包人

C. 承包人和发包人　　　　　　D. 发包人和监理人

25. 对于工程总承包合同中质量保证金的扣留与返还，下列做法正确的是（　　）
   A. 扣留金额的计算中应考虑预付款的支付、扣回及价格调整的金额
   B. 不论是缴纳履约保证金，均须扣留质量保证金
   C. 缺陷责任期满即须返还剩余质量保证金
   D. 延长缺陷责任期时，应相应延长剩余质量保证金的返还期限

26. 根据《标准施工招标文件》（2017年版）的规定，在监理人对承包人提交的竣工验收申请报告审查后认为已具备竣工验收条件的，应在收到竣工验收申请报告后的（　　）天内提请发包人进行工程验收。
   A. 14　　　　　　　　　　　　B. 28
   C. 30　　　　　　　　　　　　D. 56

27. 根据《标准施工招标文件》（2017年版）的规定，由发包人提供的材料和工程设备的规格、数量或质量不符合合同要求，发包人应承担的责任是（　　）。
   A. 由此增加的费用、工期延误
   B. 工期延误，但不考虑费用和利润的增加
   C. 由此增加的费用和合理利润，但不考虑工期延误
   D. 由此增加的费用、工期延误，以及承包商合理利润

28. 缺陷责任期的起算日期必须以（　　）为准。
   A. 《建设工程质量管理条例》规定的保修日期
   B. 通过竣（交）工验收之日起
   C. 工程的实际竣工日期
   D. 承发包双方在工程质量保修书中约定的日期

29. 关于缺陷责任期内的工程维修及费用承担，下列说法正确的是（　　）。
   A. 不可抗力造成的缺陷，发包人负责维修，从质量保证金中扣除费用
   B. 承包人造成的缺陷，承包人负责维修并承担费用后，可免除其对工程的一般损失赔偿责任
   C. 由于发包人原因导致工程无法按规定期限进行竣工验收的，在承包人提交竣工验收报告60天后，工程自动进入缺陷责任期
   D. 由于承包人原因导致工程无法按规定期限进行竣工验收的，缺陷责任期从实际通过竣工验收之日起计

30. 因不可抗造成的下列损失，应由承包人承担的是（　　）。
   A. 工程所需清理、修复费用
   B. 运至施工场地待安装设备的损失
   C. 承包人的施工机械设备损坏及停工损失
   D. 停工期间，发包人要求承包人留在工地的保卫人员费用

31. 因不可抗力造成的损失，应由承包人承担的情形是（　　）。
   A. 因工程损害导致第三方财产损失　　B. 运至施工场地用于施工材料的损失
   C. 承包人的停工损失　　　　　　　　D. 工程所需清理费用

32. ★[2020年浙江] 根据《标准施工招标文件》（2017年版）规定，合同双方发生

争议采用争议评审的，除专用合同条款另有约定外，争议评组应在（　　）内做出书面评审意见。

  A. 收到争议评审申请请报告后 28 天 B. 收到被申请人答辩报告后 28 天

  C. 争议调查会结束后 14 天 D. 收到合同双方报告后 14 天

33. ★［2020 年陕西］根据《建设项目工程总承包合同（示范文本）》，合同约定由承包人向发包人提交履约保函时，发包人应向承包人提交（　　）保函。

  A. 履约 B. 预付款

  C. 支付 D. 变更

二、多项选择题（每题的备选项中，有 2 个或 2 个以上符合题意，至少有 1 个错项）

1. 评标办法可选择经评审的（　　）。

  A. 最低投标价法 B. 综合比较法

  C. 总费用最低法 D. 综合评估法

  E. 最高投标价法

2. 下列评标时所遇情形中，评标委员会应当否决其投标的是（　　）。

  A. 投标文件中大写金额与小写金额不一致

  B. 投标报价低于成本或者高于招标文件设定的最高投标限价

  C. 投标文件中总价金额与依据单价计算出的结果不一致

  D. 投标文件未经投标单位盖章和单位负责人签字

  E. 对不同文字文本投标文件的解释有异议的

3. 关于施工招标工程的履约担保，下列说法正确的是（　　）。

  A. 中标人应在签订合同后向招标人提交履约担保

  B. 履约担保的有效期自合同生效之日起至起合同约定的中标人主要义务履行完毕止

  C. 履约保证金不得超过中标合同金额的 5%

  D. 招标人仅对现金形式的履约担保，向中标人提供工程款支付担保

  E. 发包人应在工程接收证书颁发后 28 天内将履约保证金退还给承包人

4. 下列一定需要招标的项目是（　　）。

  A. 施工单项合同估算价为 450 万元人民币

  B. 重要设备、材料等货物的采购，单项合同估算价为 150 万元人民币

  C. 勘察、设计、监理等服务的采购，单项合同估算价为 120 万元人民币

  D. 施工单项合同估算价为 300 万元人民币

  E. 勘察、设计、监理等服务的采购，单项合同估算价为 80 万元人民币

5. 关于履约担保，下列说法正确的是（　　）。

  A. 履约担保可以用现金、支票、汇票、银行保函形式但不能单独用履约担保书

  B. 履约保证金不得超过中标合同金额的 10%

  C. 中标人不按期提交履约担保的视为废标

  D. 招标人要求中标人提供履约担保的，招标人应同时向中标人提供工程款支付担保

  E. 履约保证金的有效期需保持至工程接收证书颁发之时

6. 根据我国现行施工招标投标管理规定，投标有效期的确定一般应考虑的因素是（　　）。
   A. 投标报价需要的时间
   B. 组织评标需要的时间
   C. 确定中标人需要的时间
   D. 签订合同需要的时间
   E. 提交履约保证金需要的时间

7. 根据《标准施工招标文件》（2017年版）的规定，下列有关施工招标的说法正确的是（　　）
   A. 当进行资格预审时，招标文件中应包括招标邀请书
   B. 资格预审的方法可分为合格制或有限数量制
   C. 投标人对投标文件有疑问时，应在规定时间内以电话、电报等方式要求招标人澄清
   D. 按照规定应编制最高投标限价的项目，其控制价应在开标时一并公布
   E. 初步评审可选择最低投标价法和综合评估法

8. 关于投标文件的编制与递交，下列说法正确的是（　　）。
   A. 投标函附录中可以提出比招标文件要求更能吸引招标人的承诺
   B. 当投标文件的正本与副本不一致时以正本为准
   C. 允许递交备选投标方案时，所有投标人的备选方案应同等对待
   D. 在要求提交投标文件的截止时间后送达的投标文件为无效的投标文件
   E. 境内投标人以现金形式提交的投标保证金应当出自投标人的基本账户

9. 在评标工作的初步评审阶段，投标文件的形式评审的内容包括（　　）。
   A. 报价构成的合理性
   B. 投标人名称与营业执照、资质证书、安全生产许可证一致
   C. 环境保护管理体系与措施
   D. 投标函上有法定代表人或其委托代理人签字或加盖单位章
   E. 报价唯一，即只能有一个有效报价

10. 下列各项内容属于响应性评审标准的是（　　）。
    A. 安全生产许可证的有效性
    B. 施工方案与技术措施的标准性
    C. 投标保证金应符合招标文件的有关要求
    D. 投标有效期应符合招标文件的有关要求
    E. 已标价工程量清单的有关要求

11. 下列关于施工标段划分的说法，正确的是（　　）。
    A. 标段划分多，业主协调工作量小
    B. 承包单位管理能力强，标段划分宜多
    C. 业主管理能力有限，标段划分宜少
    D. 标段划分少，会减少投标者数量
    E. 标段划分多，有利于施工现场布置

12. ★［2020年陕西］根据《标准施工招标文件》中的合同条款，签约合同价包含的内容有（　　）。

A. 变更价款 B. 暂列金额
C. 索赔费用 D. 结算价款
E. 暂估价

答案与解析

一、单项选择题

1. A； 2. C； 3. B； 4. B； 5. C； 6. B； 7. B； 8. A； 9. C； 10. D；
11. B； 12. C； 13. D； 14. C； 15. C； 16. A； 17. C； 18. D； 19. D； 20. B；
21. B； 22. D； 23. A； 24. B； 25. D； 26. B； 27. D； 28. B； 29. D； 30. C；
31. C； 32. C； 33. C。

二、多项选择题

1. AD； 2. BD； 3. BE； 4. AC； 5. BDE； 6. BCD 7. ABD； 8. ABDE；
9：BDE； 10. CDE； 11. CD； 12. BE。

单选题解析

多选题解析

第2节 工程量清单编制

复习要点

1. 工程量清单计价规范概述

（1）工程量清单的基本组成

工程量清单是载明建设工程分部分项工程项目、措施项目和其他项目的名称和相应数量以及规费和税金项目等内容的明细清单。采用工程量清单方式招标，招标工程量清单必须作为招标文件的组成部分，其正确性和完整性由招标人负责。招标工程量清单应以单位（项）工程为单位编制。

（2）工程量清单计价规范的适用范围

工程量清单计价规范适用于建设工程发承包及其实施阶段的计价活动。使用国有资金投资的建设工程发承包，必须采用工程量清单计价。国有资金投资的项目包括全部使用国有资金（含国家融资资金）投资或国有资金投资为主的工程建设项目。

国有资金（含国家融资资金）为主的工程建设项目是指国有资金占投资总额50%以上，或虽不足50%但国有投资者实质上拥有控股权的工程建设项目。

非国有资金投资的建设工程，宜采用工程量清单计价。

2. 分部分项工程项目清单

（1）项目编码

项目编码是分部分项工程项目和措施项目清单名称的阿拉伯数字标识。分部分项工程量清单项目编码以五级编码设置，用十二位阿拉伯数字表示。一、二、三、四级编码为全国统一，即一至九位按计算规范附录的规定设置；第五级即十至十二位应根据拟建工程的工程量清单项目名称设置，不得有重码，这三位清单项目编码由招标人针对招标工程项目具体编制，并应自001起顺序编制。

各级编码代表的含义下列：

1）第一级表示专业工程代码（分二位）；

2）第二级表示附录分类顺序码（分二位）；

3）第三级表示分部工程顺序码（分二位）；

4）第四级表示分项工程项目名称顺序码（分三位）；

5）第五级表示工程量清单项目名称顺序码（分三位）。

当同一标段（或合同段）的一份工程量清单中含有多个单位工程且工程量清单是以单位工程为编制对象时，在编制工程量清单时应特别注意对项目编码十至十二位的设置不得有重码的规定。

（2）项目名称

分部分项工程量清单的项目名称应按各专业工程工程量计算规范附录的项目名称结合拟建工程的实际确定。在编制补充项目时应注意下列几个方面：

1）在编制招标工程量清单时，分部分项工程项目清单的项目名称应以附录中的分项工程项目名称为基础。

2）清单项目名称应表达详细、正确，各专业工程量计算规范中的分项工程项目名称如有缺陷，招标人可作补充，并报当地工程造价管理机构（省级）备案。

（3）项目特征

项目特征是构成分部分项工程项目、措施项目自身价值的本质特征。项目特征是对项目的正确说法，是确定一个清单项目综合单价不可缺少的重要依据，是区分清单项目的依据，是履行合同义务的基础。

（4）计量单位

以重量计算的项目——吨或千克（t 或 kg）	以体积计算的项目——立方米（m^3）
以面积计算的项目——平方米（m^2）	以长度计算的项目——米（m）
以自然计量单位计算的项目——个、套、块、樘、组、台……	没有具体数量的项目——宗、项……

（5）工程数量的计算

除另有说明外，所有清单项目的工程量应以实体工程量为准，并以完成后的净值计算；投标人投标报价时，应在单价中考虑施工中的各种损耗和需要增加的工程量。

在编制招标工程量清单时，为了计算的快速正确并尽量避免漏算或重算，必须依据一定的计算原则及方法：

1）计算口径一致。

2) 按工程量计算规则计算。

3) 按图纸计算。

4) 按一定顺序计算。

另外,对补充的工程量计算规则必须符合下述原则:一是其计算规则要具有可计算性,二是计算结果要具有唯一性。

3. 措施项目清单

(1) 措施项目清单的类别

措施项目中可以计算工程量的项目(单价措施项目)宜采用分部分项工程项目清单的方式编制,列出项目编码、项目名称、项目特征、计量单位和工程量;不能计算工程量的项目(总价措施项目),以"项"为计量单位进行编制。

(2) 措施项目清单的编制

措施项目清单的编制依据主要有:

1) 施工现场情况、地勘水文资料、工程特点。

2) 常规施工方案。

3) 与建设工程相关的标准、规范、技术资料。

4) 拟定的招标文件。

5) 建设工程设计文件及相关资料。

4. 其他项目清单

(1) 暂列金额

暂列金额是招标人在工程量清单中暂定并包括在合同价款中的一笔款项。用于工程合同签订时尚未确定或者不可预见的所需材料、工程设备、服务的采购,施工中可能发生的工程变更、合同约定调整因素出现时的合同价款调整以及发生的索赔、现场签证确认等的费用。

(2) 暂估价

暂估价是指招标人在工程量清单中提供的用于支付必然发生但暂时不能确定价格的材料、工程设备的单价以及专业工程的金额,包括材料暂估单价、工程设备暂估单价和专业工程暂估价。

(3) 计日工

在施工过程中,承包人完成发包人提出的工程合同范围以外的零星项目或工作,按合同中约定的单价计价的一种方式。

(4) 总承包服务费

总承包服务费是指总承包人为配合协调发包人进行的专业工程发包,对发包人自行采购的材料、工程设备等进行保管以及施工现场管理、竣工资料汇总整理等服务所需的费用。

5. 规费、税金项目清单

规费项目清单应按照下列内容列项:社会保险费,包括养老保险费、失业保险费、医疗保险费、工伤保险费、生育保险费;住房公积金;出现计价规范中未列的项目,应根据省级政府或省级有关部门的规定列项。

一、单项选择题 (每题的备选项中,只有1个最符合题意)

1. 招标方编制工程量清单时有下列工作:①确定项目编码;②研究招标文件,确定清单项目名称；③确定计量清单；④计算工程数量；⑤确定项目特征，正确的顺序是（　　）。
  A. ①②③④⑤   B. ①②⑤③④
  C. ②③⑤④①   D. ②①⑤③④

2. 根据《建设工程工程量清单计价规范》GB 50500—2013，一般情况下编制最高投标限价采用的材料优先选用（　　）。
  A. 招标人的材料供应商提供的材料单价
  B. 近三个月当地已完工程材料结算单价的平均值
  C. 工程造价管理机构通过工程造价信息发布的材料单价
  D. 当时当地市场的材料单价

3. 采用工程量清单方式招标，工程量清单必须作为招标文件的组成部分，其正确性和完整性由（　　）负责。
  A. 投标人   B. 造价咨询人
  C. 招标人和投标人共同   D. 招标人

4. 下列关于工程量清单的说法，正确的是（　　）。
  A. 工程量清单是招标文件的重要组成部分
  B. 工程量清单的表格格式不作要求
  C. 工程量清单不含有措施项目
  D. 在招标人同意的情况下，工程量清单可以由投标人自行编制

5. 在分部分项工程量清单的编制过程中，由招标人负责前（　　）项内容填列。
  A. 三   B. 四
  C. 五   D. 六

6. 关于招标工程量清单中其他项目清单的编制，下列说法正确的是（　　）。
  A. 投标人情况、发包人对工程管理要求对其内容会有直接影响
  B. 暂列金额可以只列总额，但不同专业预留的暂列金额应分别列项
  C. 专业工程暂估价应包括利润、规费和税金
  D. 计日工的暂定数量可以由投标人填写

7. 根据《建设工程工程量清单计价规范》GB 50500—2013，工程招标投标时，招标工程量清单应由（　　）负责提供。
  A. 工程招标代理机构   B. 工程设计单位
  C. 招投标管理部门   D. 招标人

8. 根据《建筑工程工程量清单计价规范》GB 50500—2013，分部分项工程量清单中，确定综合单价的依据是（　　）。
  A. 计量单位   B. 项目特征
  C. 项目编码   D. 项目名称

9. 根据《建设工程工程量清单计价规范》GB 50500—2013 编制的工程量清单中，某分部分项工程的项目编码为 010302004005，则"01"的含义是（　　）。
  A. 分项工程顺序码   B. 分部工程顺序码
  C. 专业工程顺序码   D. 工程分类顺序码

10. 根据《建设工程工程量清单计价规范》GB 50500—2013，下列关于工程量清单编制的说法，正确的是（   ）。

  A. 同一招标工程的项目编码不能重复

  B. 措施项目都应该以"项"为计量单位

  C. 所有清单项目的工程量都应以实际施工的工程量为准

  D. 暂估价是用于施工中可能发生工程变更时的工程价款调整的费用

11. 根据《建设工程工程量清单计价规范》GB 50500—2013，发承包双方进行工程竣工结算时的工程量应按（   ）计算确定。

  A. 招标文件中标明的工程量

  B. 发承包双方在合同中约定应予计量且实际完成的工程量

  C. 发承包双方在合同中约定的工程量

  D. 工程实体量与耗损量之和

12. 招标人编制最高投标限价与投标人报价的共同基础是（   ）。

  A. 工料单价

  B. 综合单价

  C. 按拟采用施工方案计算的工程量

  D. 工程量清单标明的工程量

13. 在《建设工程工程量清单计价规范》GB 50500—2013 中，其他项目清单一般包括（   ）。

  A. 预备金、分包费、材料费、机械使用费

  B. 暂列金额、暂估价、总承包服务费、计日工

  C. 总承包管理费、材料购置费、预留金、风险费

  D. 暂列金额、总承包费、分包费、计日工

14. 根据《建设工程工程量清单计价规范》GB 50500—2013，分部分项工程量清单项目编码以五级编码设置，采用十二位阿拉伯数字表示，应根据拟建工程的工程量清单项目名称和项目特征设置的是第（   ）位。

  A. 三至四   B. 五至六

  C. 七至九   D. 十至十二

15. 根据《建设工程工程量清单计价规范》GB 50500—2013，某工程项目的钢筋由发包人与承包人一起招标采购，编制招标工程量清单时，招标人将 HR335 钢筋暂估价定为 4200 元/t，已知市场平均价格为 3650 元/t。若甲投标人自行采购，其采购单价低于市场平均价格，则甲投标人在投标报价时 HR335 钢筋应采用的单价是（   ）。

  A. 甲投标人自行采购价格   B. 4200 元/t

  C. 预计招标采购价格   D. 3650 元/t

16. 关于工程量清单计价适用范围，下列说法正确的是（   ）。

  A. 达到或超过规定建设规模的工程，必须采用工程量清单计价

  B. 达到或超过规定建设数额的工程，必须采用工程量清单计价

  C. 国有资金占投资总额不足 50% 的建设工程发承包，不必采用工程量清单计价

  D. 不采用工程量清单计价的建设工程，应执行计价规范中除工程量清单等专门性

规定以外的规定

17. 在工程量清单中，最能体现分部分项工程项目自身价值的是（   ）。
   A. 项目特征 B. 项目编码
   C. 项目名称 D. 项目计量单位

18. 某分部分项工程的清单编码为 020301008001，则该专业工程的代码为（   ）。
   A. 02 B. 03
   C. 01 D. 008

19. 对于没有具体数量的清单项目，通常选用的计量单位是（   ）。
   A. 个 B. 组
   C. 项 D. 樘

20. 根据《建设工程工程量清单计价规范》GB 50500—2013，下列关于分部分项工程项目清单的说法，正确的是（   ）。
   A. 第三级编码为分部工程顺序码，由三位数字表示
   B. 第五级编码应根据拟建工程的工程量清单项目名称设置，不得重码
   C. 同一标段含有多个单位工程，不同单位工程中项目特征相同的工程应采用相同编码
   D. 补充项目编码以"B"加上计量规范代码后跟三位数字表示

21. 在工程量清单中，（   ）是对项目的准确描述，是确定一个清单项目综合单价不可缺少的重要依据。
   A. 项目计量单位 B. 项目编码
   C. 项目名称 D. 项目特征

22. 分部分项工程量清单是指表示拟建工程分项实体工程项目名称和相应数量的明细清单，应包括的要件是（   ）。
   A. 项目编码、项目名称、计量单位和工程量
   B. 项目编码、项目名称、项目特征和工程量
   C. 项目编码、项目名称、项目特征、计量单位和工程单价
   D. 项目编码、项目名称、项目特征、计量单位和工程量

23. 《建设工程工程量清单计价规范》GB 50500—2013 规定，分部分项工程量清单项目编码的第二级为表示（   ）。
   A. 分项工程名称顺序码 B. 附录分类顺序码
   C. 分部工程顺序码 D. 专业工程代码

24. 分部分项工程量清单项目编码中第三级编码是（   ）。
   A. 分部工程顺序码 B. 分项工程项目名称顺序码
   C. 工程量清单项目名称顺序码 D. 专业工程顺序码

25. 招标工程量清单是招标文件的组成部分，其准确性由（   ）负责。
   A. 招标代理机构
   B. 招标人
   C. 编制工程量清单的造价咨询机构
   D. 招标工程量清单的编制人

26. 除另有说明外，分部分项工程量清单表中的工程量应等于（　　）。
    A. 实体工程量
    B. 实体工程量＋施工损耗
    C. 实体工程量＋施工需要增加的工程量
    D. 实体工程量＋措施工程量

27. 根据《建设工程工程量清单计价规范》GB 50500—2013 的规定，分部分项工程量清单项目编码以五级编码设置，各级编码的设置宽度为（　　）。
    A. 2—3—2—3—3   B. 3—3—2—2—2
    C. 2—3—3—2—3   D. 2—2—2—3—3

28. 针对总价措施项目清单的编制，下列说法不正确的是（　　）。
    A. "计算基础"中安全文明施工费可为"定额基价""定额人工费"或"定额人工费＋定额施工机具使用费"
    B. "计算基础"中除安全文明施工费之外的其他项目应为"定额人工费"
    C. 按施工方案计算的措施费，可只填"金额"数值，不填"计算基础"和"费率"
    D. 按施工方案计算的措施费，应在备注栏说明施工方案出处或计算方法

29. 对于不能计算工程量的措施项目，当按施工方案计算措施费时，若无"计算基础"和"费率"数值，则（　　）。
    A. 以定额计价为计算基础，以国家、行业、地区定额中相应的费率计算金额
    B. 以"定额人工费＋定额机械费"为计算基础，以国家、行业、地区定额中相应费率计算金额
    C. 只填写"金额"数值，在备注中说明施工方案出处或计算方法
    D. 备注中说明中计算方法，补充填写"计算基础"和"费率"

30. 下列各项措施项目中，通常可以计算工程量的项目是（　　）。
    A. 垂直运输
    B. 夜间施工
    C. 非夜间施工照明
    D. 地上、地下设施、建筑物的临时保护设施

31. 根据《建设工程工程量清单计价规范》GB 50500—2013，一般不作为安全文明施工费计算基础的是（　　）。
    A. 定额人工费
    B. 定额人工费＋定额材料费
    C. 定额人工费＋定额施工机具使用费
    D. 定额人工费＋定额材料费＋定额施工机具使用费

32. 措施项目清单编制中，下列适用于以"项"为单位计价的措施项目费是（　　）。
    A. 已完工程及设备保护费   B. 超高施工增加费
    C. 大型机械设备进出场及安拆费   D. 施工排水、降水费

33. 计日工通常适用于在现场发生的（　　）计价。
    A. 变更工作   B. 零星工作
    C. 新增工作   D. 额外工作

34. 专业工程的暂估价一般应是（　　）。
    A. 综合暂估价，应当包括管理费、利润、规费、税金等费用
    B. 综合暂估价，应当包括除规费和税金以外的管理费利润等费用
    C. 综合暂估价，应当包括除规费以外的管理费、利润税金等费用
    D. 综合暂估价，应当包括除税金以外的管理费、利润规费等费用

35. 招标人在工程量清单中提供的用于支付必然发生但暂不能确定价格的材料、工程设备的单价及专业工程的金额是（　　）。
    A. 暂列金额
    B. 暂估价
    C. 总承包服务费
    D. 价差预备费

36. 下列费用项目中，应由投标人确定额度，并计入其他项目清单与计价汇总表中的是（　　）。
    A. 暂列金额
    B. 材料暂估价
    C. 专业工程暂估价
    D. 总承包服务费

37. 根据《建设工程工程量清单计价规范》GB 50500—2013 的规定，为合同约定调整因素出现时进行工程价款调整而预备的费用，应列入（　　）。
    A. 暂列金额
    B. 暂估价
    C. 计日工
    D. 措施项目费

38. 根据《建设工程工程量清单计价规范》GB 50500—2013，下列关于计日工的说法正确的是（　　）。
    A. 招标工程量清单计日工数量为暂定，计日工费不计入投标总价
    B. 发包人通知承包人以计日工方式实施的零星工作，承包人可以视情况决定是否执行
    C. 计日工的费用项目包括人工费、材料费、施工机具使用费、企业管理费和利润
    D. 计日工金额不列入期中支付，在竣工结算时一并支付

39. 在工程量清单的编制过程中，暂列金额明细表应由（　　）。
    A. 招标人填写项目名称，投标人填写金额
    B. 招标人填写项目名称和计量单位，投标人填写金额
    C. 招标人填写
    D. 投标人填写

40. ★［2020 年浙江］清单项目的工程量应计算其（　　）。
    A. 损耗工程量
    B. 施工工程量
    C. 增加的工程量
    D. 实体工程量

二、多项选择题（每题的备选项中，有 2 个或 2 个以上符合题意，至少有 1 个错项）

1. 投标人在投标报价中填写的工程量清单的（　　）必须与招标人招标文件中提供的一致。
    A. 计量单位
    B. 工程数量
    C. 施工定额
    D. 项目编码
    E. 项目特征

2. 工程量清单作为招标文件的组成部分，主要包括（　　）部分。
   A. 直接项目工程量清单　　　　　B. 间接项目工程量清单
   C. 分部分项工程量清单　　　　　D. 措施项目工程量清单
   E. 其他项目工程量清单

3. 下列措施项目中，应按分部分项工程量清单编制方式编制的有（　　）。
   A. 超高施工增加　　　　　　　　B. 建筑物的临时保护设施
   C. 大型机械设备进出场及安拆　　D. 已完工程及设备保护
   E. 施工排水、降水

4. 根据《建设工程工程量清单计价规范》GB 50500—2013，在其他项目清单中，应由投标人自主确定价格的有（　　）。
   A. 暂列金额　　　　　　　　　　B. 专业工程暂估价
   C. 材料暂估价单价　　　　　　　D. 计日工单价
   E. 总承包服务费

5. 下列费用中，由招标人填写金额，投标人直接计入投标总价的有（　　）。
   A. 材料设备暂估价　　　　　　　B. 专业工程暂估价
   C. 暂列金额　　　　　　　　　　D. 计日工合价
   E. 总承包服务费

6. 招标工程量清单是（　　）的依据。
   A. 进行工程索赔　　　　　　　　B. 编制项目投资估算
   C. 编制最高投标限价　　　　　　D. 支付工程进度款
   E. 办理竣工结算

7. 招标工程量清单应由（　　）等组成。
   A. 分部分项工程量清单　　　　　B. 综合单价分析清单
   C. 措施项目清单　　　　　　　　D. 其他项目价格清单
   E. 主要材料价格清单

8. 关于工程量清单的编制，下列说法正确的是（　　）。
   A. 项目编码以五级全国统一编码设置，用十二位阿拉伯数字表示
   B. 项目清单的一、二、三、四级编码为全国统一
   C. 编制分部分项工程量清单时，必须对工作内容进行说法
   D. 补充项目的编码由计量规范的代码与 B 和三位阿拉伯数字组成
   E. 按施工方案计算的措施费，必须写明"计算基础""费率"的数值

9. 根据《建设工程工程量清单计价规范》GB 50500—2013 关于招标工程量清单中暂列金额的编制，下列说法正确的是（　　）。
   A. 应详列其项目名称、计量单位，不列明金额
   B. 应列明暂定金额总额，不详列项目名称
   C. 一般可按分部分项工程项目清单的 10%～15%确定
   D. 不同专业预留的暂列金额应分别列项
   E. 没有特殊要求一般不列暂列金额

10. 关于分部分项工程量清单中项目特征的作用，下列说法正确的是（　　）。

A. 项目特征是进行概算审查的依据
B. 项目特征是履行合同义务的基础
C. 项目特征是综合确定各项消耗指标的基本依据
D. 项目特征是确定综合单价的前提
E. 项目特征是区别清单项目的依据

11. 根据《建设工程工程量清单计价规范》GB 50500—2013，关于工程量清单计价的有关要求，下列说法正确的是（　　）
　　A. 事业单位国有资金投资的建设工程发承包，可以不采用工程量清单计价
　　B. 使用国有资金投资的建设工程发承包，必须采用工程量清单计价
　　C. 招标工程量清单应以单位工程为单位编制
　　D. 工程量清单计价方式下，必须采用单价合同
　　E. 招标工程量清单的准确性和完整性由清单编制人负责

12. 关于工程量清单及其编制，下列说法正确的是（　　）。
　　A. 招标工程量清单必须作为投标文件的组成部分
　　B. 安全文明施工费应列入以"项"为单位计价的措施项目清单中
　　C. 招标工程量清单的准确性和完整性由其编制人负责
　　D. 暂列金中包括用于施工中必然发生但暂不能确定价格的材料、设备的费用
　　E. 计价规范中未列的规费项目，应根据省级政府或省级有关权力部门的规定列项

13. 下列工程项目中，必须采用工程量清单计价的有（　　）。
　　A. 使用各级财政预算资金的项目
　　B. 使用国家发行债券所筹资金的项目
　　C. 国有资金投资总额占50%以上的项目
　　D. 使用国家政策性贷款的项目
　　E. 使用国际金融机构贷款的项目

14. 在分部分项工程量清单编制计算工程量时，应依据的计算原则包括（　　）。
　　A. 计算口径一致　　　　　　B. 按工程量计算规则计算
　　C. 按图纸计算　　　　　　　D. 按一定顺序计算
　　E. 根据工程内容和定额项目计算

15. 下列有关暂列金额的表述，正确的是（　　）。
　　A. 用于施工合同签订时尚未确定或者不可预见的所需材料、设备、服务的采购
　　B. 用于施工中可能发生的工程变更、合同约定调整因素出现时的合同价款调整
　　C. 用于发生的索赔、现场签证确认等的费用
　　D. 用于支付必然发生但暂时不能确定价格的材料的单价
　　E. 招标人在工程量清单中暂定但未包括在合同价款中的一笔款项

16. 对于适用于以"项"计价的措施项目，计算基础可为（　　）。
　　A. 定额基价
　　B. 定额人工费＋定额材料费
　　C. 定额机械费
　　D. 定额人工费

E. 定额人工费+定额机械费

17. 关于措施项目清单编制依据，下列说法正确的是（　　）。
   A. 拟定的招标文件　　　　　　B. 其他项目清单
   C. 常规施工方案　　　　　　　D. 与建设工程有关的标准、规范
   E. 相关法律法规

18. 关于措施项目工程量清单编制与计价，下列说法正确的是（　　）。
   A. 不能计算工程量的措施项目也可以采用分部分项工程量清单方式编制
   B. 安全文明施工费按总价方式编制，其计算基础可为"定额基价""定额人工费"
   C. 总价措施项目清单表应列明计量单位、费率、金额等内容
   D. 除安全文明施工费外的其他总价措施项目的计算基础可为"定额人工费"
   E. 按施工方案计算的总价措施项目可以只需填"金额"数值

19. 为有利于措施费的确定和调整，根据现行工程量计算规范，适宜采用单价措施项目计价的有（　　）。
   A. 夜间施工增加费　　　　　　B. 二次搬运费
   C. 施工排水、降水费　　　　　D. 超高施工增加费
   E. 垂直运输费

20. 在分部分项工程量清单编制计算工程量时，应依据的计算原则包括（　　）。
   A. 计算口径一致　　　　　　　B. 按工程量计算规则计算
   C. 按图纸计算　　　　　　　　D. 按一定顺序计算
   E. 根据工程内容和定额项目计算

21. 关于分部分项工程量清单的编制，下列说法正确的是（　　）。
   A. 以清单计算规范附录中的名称为基础，结合具体工作内容补充细化项目名称
   B. 清单项目的工作内容在招标工程量清单的项目特征中加以描述
   C. 有两个或两个以上计量单位时，选择最适宜表现项目特征并方便计量的单位
   D. 除另有说明外，清单项目的工程量应以实体工程量为准，各种施工中的损耗和需要增加的工程量应在单价中考虑
   E. 在工程量清单中应附补充项目名称、项目特征、计量单位和工程量

22. 根据《建设工程工程量清单计价规范》GB 50500—2013，关于分部分项工程量清单的编制，下列说法正确的有（　　）。
   A. 以重量计算的项目，其计量单位应为吨或千克
   B. 以吨为计量单位时，其计算结果应保留三位小数
   C. 以立方米为计量单位时，其计算结果应保留三位小数
   D. 以千克为计量单位时，其计算结果应保留一位小数
   E. 以"个""项"为单位的，应取整数

23. ★［2020年重庆］措施项目清单的编制依据主要包括（　　）。
   A. 地勘水文资料　　　　　　　B. 常规施工方案
   C. 措施费的计算基础　　　　　D. 拟定的招标文件
   E. 建设工程设计文件

答案与解析

一、单项选择题

1. B； 2. C； 3. D； 4. A； 5. D； 6. B； 7. D； 8. B； 9. C； 10. A；
11. B； 12. D； 13. B； 14. D； 15. B； 16. D； 17. A； 18. A； 19. C； 20. B；
21. D； 22. D； 23. B； 24. A； 25. B； 26. A； 27. D； 28. B； 29. C； 30. A；
31. B； 32. A； 33. B； 34. B； 35. B； 36. D； 37. A； 38. C； 39. C； 40. D。

二、多项选择题

1. ABDE； 2. CDE； 3. ACE； 4. DE； 5. ABC； 6. ACDE； 7. ACD；
8. BD； 9. CD； 10. BDE； 11. BC； 12. BE； 13. ABCD； 14. ABCD；
15. ABC； 16. ADE； 17. ACD； 18. BD； 19. CDE； 20. ABCD； 21. CD；
22. ABE； 23. ABDE。

单选题解析

多选题解析

第3节　最高投标限价编制

复习要点

1. 最高投标限价的编制规定和依据

（1）最高投标限价的编制规定

1）国有资金投资的工程建设项目应实行工程量清单招标，招标人应编制最高投标限价，并应当拒绝高于最高投标限价的投标报价。

2）最高投标限价应由具有编制能力的招标人或受其委托的工程造价咨询人编制。

3）最高投标限价应当依据工程量清单、工程计价有关规定和市场价格信息等编制，并不得进行上浮或下调。

4）最高投标限价超过批准的概算时，招标人应将其报原概算审批部门审核。

5）投标人经复核认为招标人公布的最高投标限价未按照有关规定进行编制的，应在最高投标限价公布后5天内向招标投标监督机构和工程造价管理机构投诉。

6）招标人应将最高投标限价及相关资料报送至工程所在地或有该工程管辖权的行业管理部门工程造价管理机构备查。

（2）最高投标限价的编制依据

1）现行国家标准《建设工程工程量清单计价规范》GB 50500—2013与专业工程量计

算规范。

2）国家或省级、行业建设主管部门颁发的计价定额和计价办法。

3）建设工程设计文件及相关资料。

4）拟定的招标文件及招标工程量清单。

5）与建设项目相关的标准、规范、技术资料。

6）施工现场情况、工程特点及常规施工方案。

7）工程造价管理机构发布的工程造价信息，但工程造价信息没有发布的，参照市场价。

8）其他相关资料。

2. 最高投标限价的编制内容

（1）最高投标限价计价程序

建设工程最高投标限价反映的是单位工程费用，各单位工程费用是由分部分项工程费、措施项目费、其他项目费、规费和税金组成。

（2）分部分项工程费的编制

分部分项工程费应根据招标文件中的分部分项工程量清单及有关要求，按有关规定确定综合单价计价。

为使最高投标限价与投标报价所包含的内容一致，综合单价中应包括招标文件中要求投标人所承担的风险内容及其范围（幅度）产生的风险费用。对于招标文件中未做要求或要求不清晰的可按下列原则确定：

1）对于技术难度较大、施工工艺复杂和管理复杂的项目，可考虑一定的风险费用，或适当调高风险预期和费用，并纳入综合单价中。

2）对于工程设备、材料价格的市场风险，应依据招标文件的规定，工程所在地或行业工程造价管理机构的有关规定，以及市场价格趋势考虑一定风险率值后的风险费用，纳入综合单价中。

3）税金、规费等法律、法规、规章和政策变化的风险和人工单价等风险费用不应纳入综合单价中。

（3）措施项目费的编制

措施项目费中的安全文明施工费应当按照国家或省级、行业建设主管部门的规定标准计价，该部分不得作为竞争性费用。

（4）其他项目费的编制

总承包服务费。总承包服务费应按照省级或行业建设主管部门的规定计算，在计算时可参考下列标准：

1）招标人仅要求对分包的专业工程进行总承包管理和协调时，按分包的专业工程估算造价的1.5％计算。

2）招标人要求对分包的专业工程进行总承包管理和协调，并同时要求提供配合服务时，根据招标文件中列出的配合服务内容和提出的要求，按分包的专业工程估算造价的3％～5％计算。

3）招标人自行供应材料的，按招标人供应材料、工程设备价值的1％计算。

第 6 章 工程施工招标投标阶段造价管理

一、单项选择题（每题的备选项中，只有 1 个最符合题意）

1. 在工程量清单计价模式下，单位工程最高投标限价计价表不包括的项目是（ ）。
   A. 措施项目　　　　　　　　B. 直接费
   C. 其他项目　　　　　　　　D. 规费

2. 根据《建设工程工程量清单计价规范》GB 50500—2013，某工程在 2018 年 5 月 15 日发布招标公告，规定投标文件提交截止日期为 2018 年 6 月 15 日，在 2018 年 6 月 6 日招标人公布了修改后的最高投标限价（没有超过批准的投资概算）。对此情况招标人应采取的做法是（ ）。
   A. 将投标文件提交的截止日期仍确定为 2018 年 6 月 15 日
   B. 将投标文件提交的截止日期延长到 2018 年 6 月 18 日
   C. 将投标文件提交的截止日期延长到 2018 年 6 月 21 日
   D. 宣布此次招标失败，重新组织招标

3. 某工程采用工程量清单计价，施工过程中，业主将屋面防水变更为 PE 高分子防水卷材（1.5mm），清单中无类似项目，工程所在地造价管理机构发布该卷材单价为 18 元/m，该地区定额人工费为 3.5 元/m²，机械使用费为 0.3 元/m，除卷材外的其他材料费为 0.6 元/m²，管理费和利润为 1.2 元/m。若承包人报价浮动率为 6%，则发承包双方协商确定该项目综合单价的基础为（ ）元/m。
   A. 25.02　　　　　　　　　　B. 23.60
   C. 22.18　　　　　　　　　　D. 21.06

4. 某施工企业投标一个单独招标的分部分项工程项目，招标清单工程量为 3000m³。经测算，该分部分项工程直接消耗人、料、机费用（不含增值税进项税额）为 300 万元，管理费为 45 万元，利润为 40 万元，风险费用为 3 万元，措施费（不含增值税进项税额）为 60 万元（其中：安全文明施工费为 15 万元），规费为 30 万元，税金为 10 万元。不考虑其他因素，根据《建设工程工程量清单计价规范》GB 50500—2013，关于该工程投标报价的说法，正确的是（ ）。
   A. 综合单价为 1293.33 元/m³
   B. 为了中标，可将综合单价确定为 990.00 元/m³
   C. 若竞争激烈，标书可将各项费用下调 10%
   D. 投标总价为 458.00 万元

5. 关于最高投标限价的相关规定，下列说法正确的是（ ）。
   A. 国有资金投资的工程建设项目，应编制最高投标限价
   B. 最高投标限价应在招标文件中公布，仅需公布总价
   C. 最高投标限价超过批准概算 3% 以内时，招标人不必将其报原概算审核部门审核
   D. 当最高投标限价复查结论超过原公布的最高投标限价 3% 以内时，应责成招标人改正

6. 关于最高投标限价，下列说法正确的是（ ）。
   A. 招标人不得拒绝高于最高投标限价的投标报价

B. 利润可按建筑施工企业平均利润率计算
C. 最高投标限价超过批准概算 10%时，应报原概算审批部门审核
D. 经复查的最高投标限价与原最高投标限价误差大于±3%的应责成招标人改正

7. 根据《建设工程工程量清单计价规范》GB 50500—2013 中对最高投标限价的相关规定，下列说法正确的是（　　）。
   A. 最高投标限价公布后根据需要可以上浮或下调
   B. 招标人可以只公布最高投标限价总价，也可以只公布单价
   C. 最高投标限价可以在招标文件中公布，也可以在开标时公布
   D. 高于最高投标限价的投标报价应被拒绝

8. 根据《建设工程工程量清单计价规范》GB 50500—2013，下列关于最高投标限价的表述正确的是（　　）。
   A. 最高投标限价不能超过批准的概算
   B. 投标报价与最高投标限价的误差超过±3%时，应予拒绝
   C. 最高投标限价不应在招标文件中公布，应予保密
   D. 工程造价咨询人不得同时编制同一工程的最高投标限价和投标报价

9. 编制最高投标限价过程中，当进行分部分项工程费的综合单价组价时，对于未计价材料费处理正确的是（　　）。
   A. 汇总各定额项目合价后单独计算
   B. 不计入综合单价
   C. 计入定额项目合价
   D. 作为暂估价计入其他项目费

10. 其他项目清单中，一般可以分部分项工程费的 10%～15%为参考的项目是（　　）。
    A. 暂列金额　　　　　　　B. 计日工
    C. 总承包服务费　　　　　D. 暂估价

11. 招标人仅要求对分包的专业工程进行总承包管理和协调的，总承包服务费按分包的专业工程估算造价的（　　）计算。
    A. 1%　　　　　　　　　　B. 1.5%
    C. 2%　　　　　　　　　　D. 2.5%

12. 下列关于最高投标限价及其编制的说法，正确的是（　　）。
    A. 综合单价中应不考虑投标人承担的风险费用
    B. 招标人供应的材料，总承包服务费应按材料价值的 1.5%计算
    C. 措施项目应按招标文件中提供的措施项目清单确定
    D. 暂列金额一般以分部分项工程费的 5%～10%为参考

13. 编制最高投标限价时，下列关于综合单价的确定方法，错误的是（　　）。
    A. 工程量清单综合单价＝∑定额项目合价/工程量清单项目工程量，不考虑未计价材料费用
    B. 工程设备、材料价格的市场风险，考虑一定率值的风险费用，纳入到综合单价中

C. 税金、规费等法律、法规、规章和政策变化风险和人工单价等风险费用，不应纳入综合单价
D. 综合单价中应包括暂估价中的材料和工程设备暂估单价

14. 在编制最高投标限价的其他项目费时，若招标人要求对分包的专业工程进行总承包管理和协调，则其他项目费的计算标准是（　　）。
    A. 分部分项工程费的1.5%
    B. 分部分项工程费的3%～5%
    C. 分包的专业工程估算造价的1.5%
    D. 分包的专业工程估算造价的3%～5%

15. 暂估价中的材料单价应按照（　　）发布的工程造价信息中的材料单价计算。
    A. 企业
    B. 住房和城乡建设部
    C. 工程造价管理机构
    D. 国家或省级、行业建设主管部门

16. 最高投标限价中的暂列金额，通常应以（　　）为计算基数。
    A. 分部分项工程费与可计量措施项目费
    B. 分部分项工程费与措施项目费
    C. 分部分项工程费、措施项目费和其他项目费
    D. 分部分项工程费

17. 在最高投标限价的编制过程中，暂列金额通常应以（　　）为参考。
    A. 分部分项工程费与措施费总额的10%～15%
    B. 分部分项工程费的10%～15%
    C. 分部分项工程费与措施费总额的15%～20%
    D. 分部分项工程费的15%～20%

18. 在最高投标限价中其他项目费编制时，以下各项内容中属于暂列金额估算时需考虑的因素是（　　）。
    A. 信息价
    B. 市场调查价格
    C. 招标人要求承包人提供的服务内容
    D. 工期长短

19. 确定最高投标限价中的计日工时，下列说法正确的是（　　）。
    A. 材料应按工程造价管理机构发布的工程造价信息中的材料单价计算
    B. 材料应按工程造价管理机构发布的工程造价信息中的材料单价计算，并考虑管理费和利润
    C. 材料应按市场调查确定的单价计算
    D. 材料应按市场调查确定的单价计算，并考虑管理费和利润

20. 最高投标限价中暂列金额一般按分部分项工程费的一定比率参考计算，这一比率的范围是（　　）。
    A. 3%～5%　　　　　　　　　　　B. 5%～10%

C. 10%～15%   D. 15%～20%

21. 根据《建设工程工程量清单计价规范》GB 50500—2013，关于最高投标限价的编制要求，下列说法正确的是（   ）。

    A. 应依据投标人拟定的施工方案进行编制
    B. 应包括招标文件中要求招标人承担风险的费用
    C. 应由招标工程量清单编制单位负责编制
    D. 应使用行业和地方的计价定额与相关文件计价

22. 编制最高投标限价的暂估价时，材料单价应优先选择（   ）。

    A. 市场价格
    B. 工程造价信息中的材料单价
    C. 市场调查确定的单价
    D. 区分不同专业按有关计价规定估算

23. 在招标投标过程中，当出现招标文件中分部分项工程量清单特征描述与设计图纸不符时，投标人应以（   ）的项目特征描述为准，确定投标报价的综合单价。

    A. 措施项目清单与计价表
    B. 分部分项工程量清单
    C. 其他项目清单与计价汇总表
    D. 规费、税金项目清单与计价表

24. 关于最高投标限价及其编制，下列说法正确的是（   ）。

    A. 综合单价中包括应由招标人承担的风险费用
    B. 招标人供应的材料，总承包服务费应按材料价值的1.5%计算
    C. 措施项目费按招标文件中提供的措施项目清单确定
    D. 招标文件提供暂估价的主要材料，其主材费用应计入其他项目清单费用

25. ★［2020年浙江］关于最高投标限价的编制，下列说法正确的是（   ）。

    A. 招标人有权自行决定是否采用标底编制最高投标限价
    B. 采用标底的，招标人有权决定是否在招标文件中公开
    C. 采用最高投标限价的，招标人应在招标文件中明确最高投标限价，也可规定最低投标限价
    D. 公布最高投标限价时，还应公布各单位工程的分部分项工程费、措施项目费、其他项目费、规费和增值税

二、多项选择题（每题的备选项中，有2个或2个以上符合题意，至少有1个错项）

1. 根据《建设工程工程量清单计价规范》GB 50500—2013，下列关于国有资金的投资项目最高投标限价的说法，正确的是（   ）。

    A. 最高投标限价可以在公布后上调或下浮
    B. 最高投标限价是对招标工程限定的最高限价
    C. 最高投标限价的作用与标底完全相同
    D. 最高投标限价超过批准的概算时，招标人应将最高投标限价及有关资料报送工程所在地工程造价管理机构备查

E. 将其报原概算审批部门审核投标人的投标报价高于最高投标限价的，其投标应予以拒绝

2. 根据《建设工程工程量清单计价规范》GB 50500—2013，下列关于单价项目中风险及其费用的说法，正确的是（　　）。

　　A. 对于招标文件中要求投标人承担的风险，投标人应在综合单价中给予考虑
　　B. 投标人在综合单价中考虑风险费时通常以风险费率的形式进行计算
　　C. 招标文件中没有提到的风险，投标人在综合单价中不予考虑
　　D. 对于风险范围和风险费用的计算方法应在专用合同条款中作出约定
　　E. 施工中出现的风险内容及其范围在招标文件规定的范围内时，综合单价不得变动

3. 下列关于招标工程量清单的描述，说法正确的是（　　）。

　　A. 招标工程量清单是招标文件的组成部分，可以由招标人委托的工程造价咨询人编制
　　B. 招标人对工程量清单中各分部分项工程工程量的准确性和完整性负责
　　C. 由于措施项目投标人可自行选择，因此招标人无须对措施项目工程量的准确性和完整性负责
　　D. 招标工程量清单编制前也要进行现场踏勘
　　E. 招标工程量清单编制时需进行先进施工组织设计方案的编制，以提高施工水平

4. 编制最高投标限价中的分部分项工程费时，有关综合单价的组价过程，下列表述中正确的是（　　）。

　　A. 将若干项所组价的定额项目合价相加，便得到工程量清单项目综合单价
　　B. 综合单价应按照招标人发布的分部分项工程量清单的项目名称、工程量、项目特征描述，依据工程所在地区颁发的计价定额和人工、材料、机具台班价格信息等进行组价确定。
　　C. 在考虑风险因素确定管理费率和利润率的基础上，按规定程序计算出所组价定额项目的合价
　　D. 对于未计价材料费（包括暂估单价的材料费）应计入综合单价
　　E. 税金、规费等法律、法规、规章和政策变化的风险和人工单价等风险费用应纳入综合单价

5. 根据《建设工程工程量清单计价规范》GB 50500—2013，最高投标限价中综合单价应考虑的风险因素包括（　　）。

　　A. 项目管理的复杂性　　　　B. 项目的技术难度
　　C. 人工单价的市场变化　　　D. 材料价格的市场风险
　　E. 税金、规费的政策变化

6. 下列关于最高投标限价编制说法，正确的是（　　）。

　　A. 暂列金额一般可以分部分项工程费的10%～15%为参考
　　B. 措施项目费中的安全文明施工费应当按照国家或省级、行业建设主管部门的规定标准计价，不得作为竞争性费用
　　C. 拟定的招标文件及招标工程量清单是最高投标限价的编制依据之一

D. 建设工程的最高投标限价反映的是单项工程费用

E. 综合单价中应包括招标文件中要求投标人所承担的风险内容及其范围（幅度）产生的风险费用

7. ★［2020年浙江］有关最高投标限价中其他项目费的编制要求，下列说法正确的是（   ）。

A. 计日工中的施工机械台班单价按工程造价管理机构公布的单价计算

B. 总承包服务费应按照省级或行业建设主管部门的规定计算

C. 招标人自行供应材料的，总承包服务费按招标人供应材料价值的1％计算

D. 计日工中的人工单价应按市场调查确定的单价计算

E. 暂列金额一般按分部分项工程费和措施项目费的10％～15％为参考

答案与解析

一、单项选择题

1. B； 2. C； 3. C； 4. A； 5. A； 6. D； 7. D； 8. D； 9. A； 10. A；
11. B； 12. C； 13. A； 14. C； 15. C； 16. D； 17. B； 18. D； 19. A； 20. C；
21. D； 22. B； 23. B； 24. C； 25. D。

二、多项选择题

1. BDE； 2. ABDE； 3. ABD； 4. BCD； 5. ABD； 6. ABCE； 7. ABC。

单选题解析

多选题解析

第4节 投标报价编制

复习要点

1. 投标报价编制原则和依据

（1）投标报价的编制原则

报价是投标的关键性工作，报价是否合理不仅直接关系到投标的成败，还关系到中标后企业的盈亏。投标报价编制原则如下：

1）自主报价原则。投标报价由投标人自主确定，但必须执行《建设工程工程量清单计价规范》GB 50500—2013 的强制性规定。

2）不低于成本原则。

3）风险分担原则。

4) 发挥自身优势原则。
5) 科学严谨原则。
(2) 投标报价的编制依据

根据《建设工程工程量清单计价规范》GB 50500—2013 的规定，投标报价应根据下列依据编制：

1) 《建设工程工程量清单计价规范》GB 50500—2013 与专业工程量计算规范。
2) 国家或省级、行业建设主管部门颁发的计价办法。
3) 企业定额，国家或省级、行业建设主管部门颁发的计价定额。
4) 招标文件、工程量清单及其补充通知、答疑纪要。
5) 建设工程设计文件及相关资料。
6) 施工现场情况、工程特点及拟定的投标施工组织设计或施工方案。
7) 与建设项目相关的标准、规范等技术资料。
8) 市场价格信息或工程造价管理机构发布的工程造价信息。
9) 其他相关资料。

2. 投标报价编制方法和内容

投标报价的编制过程，应首先根据招标人提供的工程量清单编制分部分项工程和措施项目清单计价表，其他项目清单与计价表，规费、税金项目计价表，编制完毕后，汇总得到单位工程投标报价汇总表，再逐级汇总，分别得出单项工程投标报价汇总表和建设工程项目投标总价汇总表。

(1) 分部分项工程和措施项目清单与计价表的编制
1) 分部分项工程和单价措施项目清单与计价表的编制

综合单价包括完成一个规定工程量清单项目所需的人工费、材料和工程设备费、施工机具使用费、企业管理费、利润，并考虑风险费用的分摊。

综合单价＝人工费＋材料和工程设备费＋施工机具使用费＋管理费＋利润

① 确定综合单价时的注意事项

以项目特征说法为依据	在招标投标过程中，当出现招标工程量清单特征说法与设计图纸不符时，投标人应以招标工程量清单的项目特征说法为准，确定投标报价的综合单价
材料、工程设备暂估价的处理	招标文件的其他项目清单中提供了暂估单价的材料和工程设备，应按其暂估的单价计入清单项目的综合单价
考虑合理的风险	对于主要由市场价格波动导致的价格风险，如工程造价中的建筑材料、燃料等价格风险，发承包双方应当在招标文件中或在合同中对此类风险的范围和幅度予以明确约定，进行合理分摊
	相关法律、法规、规章或相关政策出台导致工程增值税、规费、人工费发生变化，并由省级、行业建设行政主管部门或其授权的工程造价管理机构根据上述变化发布的政策性调整，以及由政府定价或政府指导价管理的原材料等价格进行了调整，承包人不应承担此类风险，应按照相关调整规定执行
	承包人根据自身技术水平、管理、经营状况能够自主控制的风险，如承包人的管理费、利润的风险，承包人应结合市场情况，根据企业自身的实际合理确定、自主报价，该部分风险由承包人全部承担

② 综合单价确定的步骤和方法

当分部分项工程内容比较简单，由单一计价子项计价，且《建设工程工程量清单计价规范》GB 50500—2013 与所使用计价定额中的工程量计算规则相同时，综合单价的确定只需用相应计价定额子目中的人、材、机费为基数计算管理费、利润，再考虑相应的风险费用即可。

当工程量清单给出的分部分项工程与所用计价定额的单位不同或工程量计算规则不同，则需要按计价定额的计算规则重新计算工程量，并按照下列步骤来确定综合单价。

确定计算基础	
分析每一清单项目的工程内容	
计算工程内容的工程数量与清单单位的含量	
分部分项工程人工、材料、机械费用的计算	
计算综合单价	企业管理费＝（人工费＋材料费＋施工机具使用费）×企业管理费费率
	利润＝（人工费＋施工机具使用费）×利润率

③ 工程量清单综合单价分析表的编制

为表明综合单价的合理性，投标人应对其进行单价分析，以作为评标时的判断依据。

2）总价措施项目清单与计价表的编制

对于不能精确计量的措施项目，应编制总价措施项目清单与计价表。投标人对措施项目中的总价项目投标报价应遵循下列原则：

① 措施项目的内容应依据招标人提供的措施项目清单和投标人投标时拟定的施工组织设计或施工方案确定。

② 措施项目费由投标人自主确定，但其中安全文明施工费必须按照国家或省级、行业建设主管部门的规定计价，不得作为竞争性费用。

（2）其他项目清单与计价表的编制

其他项目费由暂列金额、暂估价、计日工与总承包服务费组成。

暂列金额应按照招标人提供的其他项目清单中列出的金额填写，不得变动	
暂估价不得变动和更改	暂估价中列出的材料、工程设备必须按招标人提供的暂估单价计入清单项目的综合单价
	专业工程暂估价必须按照招标人提供的其他项目清单中列出的金额填写
计日工应按照其他项目清单列出的项目和估算的数量，自主确定各项综合单价并计算费用	
总承包服务费应根据招标人在招标文件中列出的分包专业工程内容和供应材料、设备情况，按照招标人提出的协调、配合与服务要求和施工现场管理需要自主确定	

（3）其他项目清单与计价表的编制

规费和税金应按国家或省级、行业建设主管部门的规定计算，不得作为竞争性费用。

（4）投标报价的汇总

投标人的投标总价应当与组成工程量清单的分部分项工程费、措施项目费、其他项目费和规费、税金的合计金额相一致，即投标人在进行工程量清单招标的投标报价时，不能进行投标总价优惠（或降价、让利），投标人对投标报价的任何优惠（或降价、让利）均应反映在相应清单项目的综合单价中。

（5）投标报价策略

投标报价策略是指投标人在投标竞争中的系统工作部署及参与投标竞争的方式和手

第6章 工程施工招标投标阶段造价管理

段。对投标人而言，投标报价策略是投标取胜的重要方式和手段。投标报价策略可分为基本策略和报价技巧两个层面。

1) 基本策略

可选择报高价的情形	施工条件差的工程（如条件艰苦、场地狭小或地处交通要道等）
	专业要求高的技术密集型工程且投标单位在这方面有专长，声望也较高
	总价低的小工程，以及投标单位不愿做而被邀请投标，又不便不投标的工程
	特殊工程，如港口码头、地下开挖工程等
	投标对手少的工程
	工期要求紧的工程
	支付条件不理想的工程
可选择报低价的情形	施工条件好的工程，工作简单、工作量大但其他投标人都可以做的工程（如大量土方工程、一般房屋建筑工程等）
	投标单位急于打入某一市场、某一地区，或虽已在某一地区经营多年，但即将面临没有工程的情况，机械设备无工地转移时
	附近有工程而本项目可利用该工程的设备、劳务或有条件短期内突击完成的工程
	投标对手多，竞争激烈的工程
	非急需工程
	支付条件好的工程

2) 报价技巧

①不平衡报价法	②多方案报价法	③无利润报价法
④突然降价法	⑤其他报价技巧	

一、单项选择题（每题的备选项中，只有1个最符合题意）

1. 根据《建设工程工程量清单计价规范》GB 50500—2013，在招标文件未另有要求的情况下投标报价的综合单价一般要考虑的风险因素是(　　)。
   A. 政策法规的变化　　　　　　　B. 人工单价的市场变化
   C. 政府定价材料的价格变化　　　D. 管理费、利润的风险

2. 投标人在投标报价时，应优先被采用为综合单价编制依据的是(　　)。
   A. 企业定额　　　　　　　　　　B. 地区定额
   C. 行业定额　　　　　　　　　　D. 国家定额

3. 根据《建设工程工程量清单计价规范》GB 50500—2013，关于投标人的投标总价编制的说法，正确的是(　　)。
   A. 为降低投标总价，投标人可以将暂列金额降至零
   B. 投标总价可在分部分项工程费、措施项目费、其他项目费和规费、税金合计金额上做出优惠
   C. 开标前投标人来不及修改标书时，可在投标者致函中给出优惠比例，并将优惠后的总价作为新的投标价

· 153 ·

D. 投标人对投标报价的任何优惠均应反映在相应清单项目的综合单价中

4. 根据《建设工程工程量清单计价规范》GB 50500—2013，编制投标文件时，招标文件中已提供暂估价的材料价格应根据（　　）计入综合单价。
   A. 投标人自主确定价格
   B. 投标时当地的市场价格
   C. 招标文件列出的单价
   D. 政府主管部门公布的价格

5. 根据《建设工程工程量清单计价规范》GB 50500—2013，投标时可由投标企业根据其施工组织设计自主报价的是（　　）。
   A. 安全文明施工费
   B. 大型机具设备进出场及安拆费
   C. 规费
   D. 税金

6. 根据《建设工程工程量清单计价规范》GB 50500—2013，采用工程量清单招标的工程，投标人在投标报价时不得作为竞争性费用的是（　　）。
   A. 二次搬运费
   B. 安全文明施工费
   C. 夜间施工费
   D. 总承包服务费

7. 实行工程量清单计价的招标工程，投标人可完全自主报价的是（　　）。
   A. 暂列金额
   B. 总承包服务费
   C. 专业工程暂估价
   D. 措施项目费

8. 采用不平衡报价法，下列做法错误的是（　　）。
   A. 设计图纸不明确，估计修改后工程量要增加的，可以提高单价
   B. 能够早日结账收款的项目可适当提高
   C. 预计今后工程量会增加的项目单价适当提高
   D. 施工条件好、工作简单、工作量大的工程报价可高一些

9. 在工程量清单计价模式中，投标人编制投标报价的主要依据不包括（　　）。
   A. 工程量清单
   B. 工程造价指数
   C. 企业定额
   D. 国家、地区或行业建设主管部门颁发的定额及相关规定

10. 与招标工程量清单和最高投标限价的编制相比，属于投标报价编制的特有依据的是（　　）。
    A. 招标文件的答疑纪要
    B. 招标工程量清单
    C. 施工现场情况
    D. 建设工程设计文件及相关资料

11. 根据《建设工程工程量清单计价规范》GB 50500—2013，承发包双方应当在招标文件中或在合同中对由市场价格波动导致的价格风险的范围和幅度予以明确约定。根据工程特点和工期要求，建议可一般采用的方式是承包人承担（　　）以内的材料价格风险，（　　）以内的施工机具使用费风险。
    A. 10%，5%
    B. 5%，10%
    C. 2%，5%
    D. 5%，2%

12. 确定投标报价中的综合单价时，需要计算清单单位含量，即（　　）。

A. 每一计量单位的清单项目所分摊的工程内容的定额工程数量
B. 每一计量单位的清单项目所分摊的工程内容的清单工程数量
C. 每一计量单位的定额项目所分摊的工程内容的定额工程数量
D. 每一计量单位的定额项目所分摊的工程内容的清单工程数量

13. 根据《建设工程工程量清单计价规范》GB 50500—2013，关于施工发承包投标报价的编制，下列说法正确的是(　　)。

A. 设计图纸与招标工程量清单项目特征描述不同的，以设计图纸特征为准
B. 暂列金额应按照招标工程量清单中列出的金额填写，不得变动
C. 材料、工程设备暂估价应按暂估单价，乘以所需数量后计入其他项目费
D. 总承包服务费应按照投标人提出的协调、配合和服务项目自主报价

14. 编制投标报价，下列关于分部分项工程综合单价确定的描述正确的是(　　)。

A. 招投标过程中，当出现招标文件中分部分项工程量清单特征描述与设计图纸不符时，投标人应以设计图纸为准，结合规范确定投标报价的综合单价
B. 施工中施工图纸或设计变更与工程量清单特征描述不一致时，应按工程量清单特征，确定综合单价
C. 综合单价应包括承包人承担的5%以内的材料、工程设备的价格风险，10%以内的施工机具使用费风险
D. 承包人应承担法律、法规、规章或有关政策出台导致工程税金、规费的变化

15. 关于投标报价，下列说法正确的是(　　)。

A. 总价措施项目由招标人填报
B. 暂列金额依据招标工程量清单总说明，结合项目管理规划自主填报
C. 暂估价依据询价情况填报
D. 投标人对投标报价的任何优惠均应反映在相应的清单项目的综合单价中

16. 根据《建设工程工程量清单计价规范》GB 50500—2013，关于暂估价的说法，正确的是(　　)。

A. 材料暂估价表中只填写原材料、燃料、构配件的暂估价
B. 材料暂估价应纳入分部分项工程量清单项目综合单价
C. 专业工程暂估价指完成专业工程的建筑安装工程费
D. 专业工程暂估价由专业工程承包人填写

17. 下列关于确定分部分项工程和单价措施项目综合单价的注意事项，表述正确的是(　　)。

A. 当出现招标工程量清单特征描述与设计图纸不符时，投标人应以设计图纸为准确定投标报价的综合单价
B. 政府定价或政府指导价管理的原材料等价格进行的调整，发承包双方应在合同中约定合理的分摊范围和幅度
C. 发承包双方应当在招标文件或在合同中对市场价格波动导致的风险约定分摊范围和幅度
D. 承包人管理费和利润的风险，发承包双方应在合同中约定合理的分摊范围和幅度

18. 下列关于不平衡报价的说法错误的是（　　）。

　　A. 能够早日结算的项目可以适当提高报价

　　B. 工程内容说明不清楚的，尽可能提高报价

　　C. 如果工程分标，该暂定项目也可能由其他承包单位施工时，则不宜报高价

　　D. 设计图纸不明确、估计修改后工程量要增加的，可以提高单价

19. 下列工程，不适宜采用无利润报价法的情形是（　　）。

　　A. 有可能在中标后，将大部分工程分包给索价较低的一些分包商

　　B. 较长时期内，投标单位没有在建工程项目

　　C. 先以低价获得首期工程，而后赢得机会创造第二期工程中的竞争优势

　　D. 迷惑对手，提高中标概率

20. 从投标人的报价策略来说，报价可高一些的情形是（　　）。

　　A. 工作简单、工程量大，施工条件好的工程

　　B. 投标单位急于打入某一市场

　　C. 投标对手多，竞争激烈

　　D. 投标对手少的工程

21. 招标人在施工招标文件中规定了暂定金额的分项内容和暂定总价款时，投标人可采用的报价策略是（　　）。

　　A. 适当提高暂定金额分项内容的单价

　　B. 适当减少暂定金额中的分项工程量

　　C. 适当降低暂定金额分项内容的单价

　　D. 适当增加暂定金额中的分项工程量

22. 下列工程，不适宜采用多方案报价法的是（　　）。

　　A. 工程范围不明确

　　B. 条款不清楚或不公正

　　C. 设计图纸不明确

　　D. 技术规范要求过于苛刻

23. ★［2020年重庆］投标报价是投标人希望达成工程承包交易的（　　）。

　　A. 期望价格　　　　　　　　B. 理想价格

　　C. 成本价格　　　　　　　　D. 谈判价格

24. ★［2020年浙江］根据《建设工程工程量清单计价规范》GB 50500—2013 的有关规定，下列说法错误的是（　　）。

　　A. 招标工程量清单是招标文件的重要组成部分，招标人对编制的招标工程量清单的准确性和完整性负责，投标人依据招标工程量清单进行投标报价

　　B. 010101003001，其中 003 为分项工程项目名称顺序码

　　C. 以"t"为单位，应保留 2 位小数，第 3 位四舍五入

　　D. 以"kg"为单位，应保留 2 位小数，第 3 位四舍五入

二、多项选择题（每题的备选项中，有 2 个或 2 个以上符合题意，至少有 1 个错项）

1. 根据《建设工程工程量清单计价规范》GB 50500—2013，关于企业投标报价编制

原则的说法，正确的是（　　）。

　　A. 投标报价由投标人自主确定

　　B. 为了鼓励竞争，投标报价可以略低于成本

　　C. 投标人必须按照招标工程量清单填报价格

　　D. 发承包双方责任划分是投标报价费用计算必须考虑的因素

　　E. 投标人应以施工方案、技术措施等作为投标报价计算的基本条件

2. 根据《建设工程工程量清单计价规范》GB 50500—2013，关于投标人投标报价编制的说法，正确的是（　　）。

　　A. 投标报价应以投标人的企业定额为依据

　　B. 投标报价应根据投标人的投标战略确定，必要的时候可以低于成本

　　C. 投标中若发现清单中的项目特征与设计图纸不符，应以项目特征为准

　　D. 招标文件中要求投标人承担的风险费用，投标人应在综合单价中予以考虑

　　E. 投标人可以根据项目的复杂程度调整招标人清单中的暂列金额的大小

3. 根据《建设工程工程量清单计价规范》GB 50500—2013，关于投标人其他项目费编制的说法，正确的是（　　）。

　　A. 专业工程暂估价必须按照招标工程量清单中列出的金额填写

　　B. 材料暂估价由投标人根据市场价格变化自主测算确定

　　C. 暂列金额应按照招标工程量清单列出的金额填写，不得变动

　　D. 计日工应按照招标工程量清单列出的项目和数量自主确定各项综合单价

　　E. 总承包服务费应根据招标人要求提供的服务和现场管理需要自主确定

4. 报价技巧是指投标中具体采用的对策和方法，常用的报价技巧有（　　）。

　　A. 突然涨价法　　　　　　　　B. 单方案报价法

　　C. 不平衡报价法　　　　　　　D. 无利润竞标法

　　E. 突然降价法

5. 编制投标报价时，应遵循的原则有（　　）。

　　A. 投标人自主确定报价

　　B. 投标报价不得低于成本

　　C. 应考虑工期提前的费用要求

　　D. 利用预算定额进行报价

　　E. 投标人可以按招标工程量清单以及单价项目、总价项目等进行报价

6. 进行措施项目投标报价时，措施项目的内容通常依据（　　）确定。

　　A. 招标人提供的措施项目清单

　　B. 常规施工方案

　　C. 设计文件

　　D. 与建设项目相关的标准、规范、技术资料

　　E. 投标人投标时拟定的施工组织设计或施工方案

7. 根据《建设工程工程量清单计价规范》GB 50500—2013，关于承发包双方施工阶段风险分摊原则的表述正确的是（　　）。

　　A. 主要由市场价格波动导致的价格风险应按照合同约定的范围和幅度由发承包双

方合理分摊

B. 对于法律法规或有关政策出台导致工程税金及规费等发生变化的风险应由发承包双方共同承担

C. 5%以内的材料、工程设备价格风险由承包人承担

D. 5%以内的施工机具使用费风险由承包人承担

E. 管理费、利润的风险由承包人承担

8. 根据《建设工程工程量清单计价规范》GB 50500—2013，关于投标文件措施项目计价表的编制，下列说法正确的是(　　)。

A. 单价措施项目计价表应采用综合单价方式计价

B. 总价措施项目计价表应包含规费和建筑业增值税

C. 不能精确计量的措施项目应编制总价措施项目计价表

D. 总价措施项目的内容确定与招标人拟定的措施清单无关

E. 总价措施项目的内容确定与投标人投标时拟定的施工组织设计无关

9. 关于发承包双方在工程施工阶段的风险分摊原则，下列说法正确的是(　　)。

A. 发承包双方应当在合同中对市场价格波动导致风险的范围和幅度予以约定

B. 承包人承担5%以内的材料价格风险和10%以内的工程设备、施工机具使用费风险

C. 对于政府定价或政府指导价管理的原材料价格发生变动的风险，承包人应适当承担

D. 对于承包人根据自身技术水平、管理、经营状况能够自主控制的风险，发包人不予承担

E. 承包人的管理费、利润的风险应由承包人自己承担

10. 施工投标采用不平衡报价法时，可以适当提高报价的项目有(　　)。

A. 工程内容说明不清楚的项目

B. 暂定项目中必定要施工的不分标项目

C. 单价与包干混合制合同中采用包干报价的项目

D. 综合单价分析表中的材料费项目

E. 预计开工后工程量会减少的项目

11. 采用多方案报价法，可降低投标风险，但投标工作量较大。通常适用的情形是(　　)。

A. 招标文件中的工程范围不很明确

B. 单价与包干混合制合同中，招标人要求有些项目采用包干报价时

C. 项目在完成后全部按报价结算

D. 条款不很清楚或很不公正

E. 技术规范要求过于苛刻的工程

12. 投标单位遇到(　　)等情形时，其报价可低一些。

A. 附近有工程而本项目可利用该工程的设备、劳务或有条件短期内突击完成的工程

B. 支付条件差的工程

C. 投标对手多，竞争激烈的工程
D. 施工条件好的工程，工作简单、工程量大而其他投标人都可以做的工程
E. 投标单位虽已在某一地区经营多年，但即将面临没有工程的情况，机械设备无工地转移

13. ★［2020年重庆］工程量清单包括(　　)。
A. 规费和增值税项目清单　　　B. 其他项目清单
C. 措施项目清单　　　　　　　D. 分部分项清单
E. 通用项目清单

答案与解析

一、单项选择题

1. D；　2. A；　3. D；　4. C；　5. B；　6. B；　7. B；　8. D；　9. B；　10. A；
11. B；　12. A；　13. B；　14. C；　15. D；　16. B；　17. C；　18. B；　19. D；　20. D；
21. A；　22. C；　23. A；　24. C。

二、多项选择题

1. ACDE；　2. ACD；　3. ACDE；　4. CDE；　5. ABE；　6. AE；　7. ACE；
8. AC；　9. ADE；　10. BC；　11. ADE；　12. ACDE；　13. ABCD。

单选题解析

多选题解析

第7章 工程施工和竣工阶段造价管理

第1节 工程施工成本管理

复习要点

1. 成本管理的任务和程序

项目成本管理应符合下列规定：

1）组织管理层，应负责项目成本管理的决策，确定项目的成本控制重点、难点，确定项目成本目标，并对项目管理机构进行过程和结构的考核。

2）项目管理机构，应负责项目成本管理，遵守组织管理层的决策，实现项目管理的成本目标。

（1）成本管理的任务

成本管理的任务包括：

成本计划	是建立施工项目成本管理责任制、开展成本控制和核算的基础
	是项目降低成本的指导文件
	是设立目标成本的依据，即成本计划是目标成本的一种形式
	项目成本计划一般由施工单位编制
成本控制	建设工程项目施工成本控制应贯穿于项目从投标阶段开始直至保证金返还的全过程，他是企业全面成本管理的重要环节
	成本控制可分为事先控制、事中控制（过程控制）和事后控制
成本核算	施工成本核算一般以单位工程为对象
	竣工工程的成本核算目的在于分别考核项目管理绩效和企业经营效益
成本分析	成本分析以成本核算为基础
	成本偏差的控制，分析是关键，纠偏是核心
成本考核	是实现成本目标责任制的保证和实现决策目标的重要手段

（2）成本管理的程序

①掌握生产要素的价格信息；②确定项目合同价；③编制成本计划，确定成本实施目标；④进行成本控制；⑤进行项目过程成本分析；⑥进行项目过程成本考核；⑦编制项目成本报告；⑧项目成本管理资料归档。

2. 施工成本计划

（1）施工成本计划编制依据

①合同文件；②项目管理实施规划；③相关设计文件；④价格信息；⑤相关定额；

⑥类似项目的成本资料。

（2）施工成本计划的编制方法

①按成本组成编制成本计划的方法；②按项目结构编制成本计划的方法。

3. 施工成本控制

（1）施工成本控制的依据

①合同文件；②成本计划；③进度报告；④工程变更与索赔资料；⑤各种资源的市场信息。

（2）施工成本控制的方法

1）赢得值法的三个基本参数

已完成工程预算费用（BCWP）	已完成工作量×预算单价
计划工作预算费用（BCWS）	计划工作量×预算单价
已完成工作实际费用（ACWP）	已完成工作量×实际单价

2）赢得值法的四个评价指标

费用偏差（CV）	已完成工程预算费用（BCWP）－已完成工作实际费用（ACWP）
	CV<0时，表示项目运行超出预算费用；CV>0时，表示项目运行节支，实际费用没有超出预算费用
进度偏差（SV）	已完成工程预算费用（BCWP）－计划工作预算费用（BCWS）
	SV<0时，表示进度延误，即实际进度落后于计划进度；CV>0时，表示进度提前，即实际进度快于计划进度
费用绩效指数（CPI）	已完成工程预算费用（BCWP）/已完成工作实际费用（ACWP）
	CPI<1时，表示超支，即实际费用高于预算费用；CPI>1时，表示节支，即实际费用低于预算费用
进度绩效指数（SPI）	已完成工程预算费用（BCWP）/计划工作预算费用（BCWS）
	SPI<1时，表示进度延误，即实际进度比计划进度慢；SPI>1时，表示进度提前，即实际进度比计划进度快

4. 施工成本核算、成本分析和成本考核

（1）成本核算的原则依据、范围和程序

1）成本核算的原则。

成本核算应坚持形象进度、产值统计、成本归集同步的原则。

2）成本核算的依据。

3）成本核算的范围。

工程成本包括从建造合同签订开始至合同完成为止所发生的、与执行合同相关的直接费用和间接费用。

4）成本核算的程序。

5）成本核算的方法。

表格核算法	—
会计核算法	优点是科学严密、人为控制的因素较小、核算的覆盖面较大；缺点是对核算工作人员的专业水平和工作经验都要求较高
两种核算方法综合使用	用表格和会计算法进行工程项目施工各岗位成本的责任核算和控制，用会计核算法进行工程项目成本核算，两者互补，相得益彰，确保工程项目成本核算工作的开展

（2）施工成本分析的依据、内容和步骤

1）成本分析的依据。

会计核算；业务核算；统计核算。

2）成本分析的内容。

3）成本分析的步骤。

①选择成本分析方法；②收集成本信息；③进行成本数据处理；④分析成本形成原因；⑤确定成本结果。

（3）施工成本分析的方法

比较法（指标对比分析法）	将实际指标与目标指标对比
	本期实际指标与上期实际指标对比
	与本行业平均水平、先进水平对比
因素分析法（连环置换法）	
差额计算法	
比率法	相关比率法
	构成比率法
	动态比率法

（4）施工成本考核的依据和方法

1）成本考核的依据

成本计划的数量指标	按子项汇总的工程项目计划总成本指标
	按分部汇总的各单位工程（或子项）计划成本目标
	按人工、材料、机具等各主要生产要素划分的计划成本指标
成本计划的质量指标	设计预算成本计划降低率＝设计预算成本计划降低额/设计预算总成本
	责任目标成本计划降低率＝责任目标总成本计划降低额/责任目标总成本
成本计划的效益指标	设计预算总成本计划降低额＝设计预算总成本－计划总成本
	责任目标总成本计划降低额＝责任目标总成本－计划总成本

2）成本考核的方法

公司应以项目成本降低额、项目成本降低率作为项目管理机构成本考核的主要指标。

一、单项选择题（每题的备选项中，只有1个最符合题意）

1. 成本分析、成本考核、成本核算是建设工程项目施工成本管理的重要环节，仅就此三项工作而言，其正确的工作流程是（　　）。

A. 成本核算→成本分析→成本考核

B. 成本分析→成本考核→成本核算

C. 成本考核→成本核算→成本分析

D. 成本分析→成本核算→成本考核

2. 某工程施工至月底时的情况为：已完工程量120m，实际单价8000元/m，计划工程量100m，计划单价7500元/m。则该工程在当月底的费用偏差为（　　）。

A. 超支6万元 B. 节约6万元

C. 超支15万元 D. 节约15万元

3. 某工程施工至2016年12月底，已完工程计划费用2000万元，拟完工程计划费用2500万元，已完工程实际费用1800万元，则此时该工程的费用绩效指数CPI为（　　）。

A. 0.8 B. 0.9

C. 1.11 D. 1.25

4. 某分部工程商品混凝土消耗情况见下表，则由于混凝土量增加导致的成本增加额为（　　）元。

项目	单位	计划	实际
消耗量	m³	300	320
单价	元/m³	430	460

A. 8600 B. 9200

C. 9600 D. 18200

5. 某施工项目的商品混凝土目标成本是420000元（目标产量500m³，目标单价800元/m³，预计损耗率为5%），实际成本是511680元（实际产量600m³，实际单价820元/m³，实际损耗率为4%）。若采用因素分析法进行成本分析（因素的排列顺序是：产量、单价、耗损率），则由于产量提高增加的成本是（　　）元。

A. 4920 B. 12600

C. 84000 D. 91680

6. 某施工项目经理对商品混凝土的施工成本进行分析，发现其目标成本是44万元，实际成本是48万元，因此要分析产量、单价、损耗率等因素对混凝土成本的影响程度，最适宜采用的分析方法是（　　）。

A. 比较法 B. 构成比率法

C. 因素分析法 D. 动态比率法

7. 某单位产品1月份成本相关参数见下表，用因素分析法计算，单位产品人工消耗量变动对成本的影响是（　　）元。

项目	单位	计划值	实际值
产品产量	件	180	200
单位产品人工消耗量	工日/作	12	11
人工单价	元/工日	100	110

A. －20000 B. －18000

C. －19800 D. 22000

8. 编制施工项目成本计划，关键是确定项目的（　　）。
   A. 概算成本　　　　　　　　B. 成本构成
   C. 目标成本　　　　　　　　D. 实际成本
9. 下列施工成本分析方法中，可以用来分析各种因素对成本影响程度的是（　　）。
   A. 相关比率法　　　　　　　B. 连环置换法
   C. 比重分析法　　　　　　　D. 动态比率法
10. 某分项工程的混凝土成本数据见下表。应用因素分析法分析各因素对成本的影响程度，可得到的正确结论是（　　）。

项目（单位）	目标	实际
产量（m³）	800	850
单价（元）	600	640
损耗率（%）	5	3

   A. 由于产量增加 50m³，成本增加 21300 元
   B. 由于单价提高 40，成本增加 35020 元
   C. 实际成本与目标成本的差额为 56320 元
   D. 由于损耗下降 2%，成本减少 9600 元

11. 某施工项目某月的成本数据见下表，应用差额计算法得到预算成本增加对成本的影响是（　　）万元。

项目	单位	计划	实际
预算成本	万元	600	640
成本降低率	%	4	5

   A. 12.0　　　　　　　　　　B. 8.0
   C. 6.4　　　　　　　　　　 D. 1.6

12. 某项目施工成本数据见下表，根据差额计算法，成本降低率提高对成本降低额的影响程度为（　　）万元。

项目	单位	计划	实际	差额
成本	万元	220	240	20
成本降低率	%	3	3.5	0.5
成本降低额	万元	6.6	8.4	1.8

   A. 0.6　　　　　　　　　　 B. 0.7
   C. 1.1　　　　　　　　　　 D. 1.2

13. 关于施工成本管理各项工作之间的关系，说法正确的是（　　）。
   A. 成本计划能对成本控制的实施进行监督
   B. 成本核算是成本计划的基础
   C. 成本预算是实现成本目标的保证
   D. 成本分析为成本考核提供依据

14. 按照我国现有规定，成本计划后的成本管理的工作是（　　）。
   A. 成本预测　　　　　　　　　B. 成本分析
   C. 成本控制　　　　　　　　　D. 成本考核

15. 某施工项目按人工费、材料费、施工机具使用费、企业管理费对施工成本计划进行了编制，这种编制方法属于（　　）。
   A. 按施工成本组成编制施工成本计划
   B. 按子项目组成编制施工成本计划
   C. 按工程进度编制施工成本计划
   D. 以上三种方法的综合运用

16. 某工程施工至 2014 年 7 月底，已完工程计划费用（BCWP）为 600 万元，已完工程实际费（ACVP）为 800 万元，拟完工程计划费用（BCWS）为 700 万元，则该工程此时的偏差情况是（　　）。
   A. 费用节约，进度提前　　　　B. 费用超支，进度拖后
   C. 费用节约，进度拖后　　　　D. 费用超支，进度提前

17. 在工程项目成本管理中，由进度偏差引起的累计成本偏差可以用（　　）的差值度量。
   A. 已完工程预算成本与拟完工程预算成本
   B. 已完工程预算成本与已完工程实际成本
   C. 已完工程实际成本与拟完工程预算成本
   D. 已完工程实际成本与已完工程预算成本

18. 某土方工程，月计划工程量 2800m³，预算单价 25 元/m³；到月末时已完工程量 3000m³，实际单价 26 元/m³。对该项工作采用赢得值法进行偏差分析，说法正确的是（　　）。
   A. 已完成工作实际费用为 75000 元
   B. 费用偏差为 -3000 元，表明项目运行超出预算费用
   C. 费用绩效指标大于 1，表明项目运行超出预算费用
   D. 进度绩效指标小于 1，表明实际进度比计划进度拖后

19. 进行施工成本控制，工程实际完成量、成本实际支出等信息，主要是通过（　　）获得。
   A. 工程承包合同　　　　　　　B. 施工成本计划
   C. 施工组织设计　　　　　　　D. 进度报告

20. 当变更引起措施项目费调整时，下列关于调整原则的表述正确的是（　　）。
   A. 安全文明施工费按照实际发生变化的措施项目费调整，不得浮动
   B. 采用单价计算的措施项目费，按照实际发生变化的措施项目调整，但应考虑承包人报价浮动因素
   C. 采用总价计算的措施项目费，按照实际发生变化的措施项目调整，但应考虑承包人报价浮动因素
   D. 招标工程量清单中分部分项工程出现漏项缺项，引起措施项目发生变化的，不得调整

21. 某工程计划外购商品混凝土 3000m³，计划单价 420 元/m³，实际采购 3100m³，实际单价 450 元/m³，则由于采购量增加而使外购商品混凝土成本增加（　　）万元。
    A. 4.2 B. 4.5
    C. 9.0 D. 9.3

22. 赢得值法评价指标之一的费用偏差反映的是（　　）。
    A. 统计偏差 B. 平均偏差
    C. 绝对偏差 D. 相对偏差

23. 下列成本管理的指标中，属于施工成本计划效益指标的是（　　）。
    A. 按分部汇总的各单位工程（或子项目）计划成本指标
    B. 按人工、材料、机具等各主要生产要素计划成本指标
    C. 责任目标成本计划降低率
    D. 责任目标成本计划降低额

24. 应用相关比率法进行施工成本分析、考察管理成果的好坏，通常所采用的对比指标具有的特点是（　　）。
    A. 性质不同但相关 B. 性质不同又不相关
    C. 概念相关时期相同 D. 概念相关时期不同

25. 比较法是施工成本分析的基本方法之一，其常用的比较形式是（　　）。
    A. 本期实际指标与上期目标指标对比
    B. 上期实际指标与本期目标指标对比
    C. 本期实际指标与上期实际指标对比
    D. 上期目标指标与本期目标指标对比

26. 施工成本分析依赖于核算提供的资料，其中可以对尚未发生的经济活动进行核算的是（　　）。
    A. 会计核算 B. 经济核算
    C. 统计核算 D. 业务核算

27. 某工程商品混凝土的目标产量为 500m³，单价 720 元/m³，损耗率 4%。实际产量为 550m³，单价 730 元/m³，损耗率 3%。采用因素分析法进行分析，由单价提高使费用增加了（　　）元。
    A. 43160 B. 37440
    C. 5720 D. 1705

28. 下列不属于成本控制过程中动态资料的是（　　）。
    A. 成本计划文件 B. 进度报告
    C. 工程变更资料 D. 工程索赔资料

29. 施工项目成本控制是企业全面成本管理的重要环节，应贯穿于施工项目（　　）。
    A. 从筹建到竣工的全过程 B. 从招标到保证金返还的全过程
    C. 从投标到保证金返还的全过程 D. 从开工到竣工的全过程

30. 施工成本控制中，工程实际完成量和成本实际支出等信息，是从（　　）获取的。
    A. 业务核算报告中 B. 施工组织设计中
    C. 工程进度报告中 D. 工程变更报告中

31. 某建筑工程施工至某月月末，出现了工程的费用偏差小于0，进度偏差大于0的状况，则该工程的已完工作实际费用（ACWP）、计划工作预算费用（BCWS）和已完工作预算费用（BCWP）的关系可表示为（　　）。

　　A. BCWP＞ACWP＞BCWS　　　　B. BCWS＞BCWP＞ACWP
　　C. ACWP＞BCWP＞BCWS　　　　D. BCWS＞ACWP＞BCWP

32. 某打桩工程合同约定，第一个月计划完成工程桩120根；单价为1.2万元/根。时值月底，经确认的承包商实际完成的工程桩为110根；实际单价为1.3万元/根。在第一个月度内，该打桩工程的已完工作预算费用（BCWP）为（　　）万元。

　　A. 132　　　　　　　　　　　　B. 144
　　C. 156　　　　　　　　　　　　D. 178

33. 某地下工程施工合同约定，计划4月份完成混凝土工程量450m^3，合同单价均为600元/m^3。该工程4月份实际完成的混凝工程量为400m^3，实际单价700元/m^3。至4月底，该工程的进度绩效指数（SPI）为（　　）。

　　A. 0.857　　　　　　　　　　　B. 0.889
　　C. 1.125　　　　　　　　　　　D. 1.167

34. 某工程项目实施过程中，已完工作预算费用（BCWP）曲线与已完工作实际费用（ACWP）曲线靠得很近，而与计划工作预算费用（BCWS）曲线离得很远，则表示该工程项目在（　　）。

　　A. 费用与进度上均是按预定计划目标进行的
　　B. 费用与进度上均没有按预定计划目标进行
　　C. 费用上是按预定计划目标进行的
　　D. 进度上是按预定计划目标进行的

35. 会计核算法是项目成本核算的一种重要方法，下列属于会计核算法特点的是（　　）。

　　A. 人为调节的可能性大　　　　B. 核算范围较大
　　C. 对核算人员的专业要求不高　　D. 核算权债务等较为困难

36. ★[2020年浙江] 成本考核是在工程项目建设过程中或项目完成后，定期对项目形成过程中的各级单位成本管理的成绩或失误进行总结与评价。通过成本考核，给予责任者相应的奖励或惩罚。下列不属于企业对项目经理部可控责任成本考核指标的是（　　）。

　　A. 项目经理责任目标总成本降低额和降低率
　　B. 项目施工成本降低额和降低率
　　C. 施工责任目标成本实际降低额和降低率
　　D. 施工计划成本实际降低额和降低率

二、多项选择题 （每题的备选项中，有2个或2个以上符合题意，至少有1个错项）

1. 工程项目施工成本分析的基本方法有（　　）。

　　A. 比较法　　　　　　　　　　B. 因素分析法
　　C. 统计核算法　　　　　　　　D. 差额计算法
　　E. 比率法

2. 下列施工成本考核指标中，作为项目管理机构成本考核的主要指标是（　　）。
   A. 项目成本降低率
   B. 目标总成本降低率
   C. 项目成本降低额
   D. 施工责任目标成本实际降低率
   E. 施工计划成本实际降低率

3. 关于施工项目成本核算方法，下列说法正确的是（　　）。
   A. 表格核算法的优点是覆盖面较大
   B. 会计核算法的优点是科学严谨，人为控制的因素较小
   C. 会计核算法不核算工程项目在施工过程中出现的债权债务
   D. 表格核算法可用于工程项目施工各岗位成本的责任核算
   E. 会计核算法不能用于整个企业的生产经营核算

4. 分部分项工程成本分析中，"三算对比"主要是进行（　　）的对比。
   A. 实际成本与投资估算　　　　B. 实际成本与预算成本
   C. 实际成本与竣工决算　　　　D. 实际成本与目标成本
   E. 施工预算与设计概算

5. 编制计划需要依据，属于施工成本计划编制依据的有（　　）。
   A. 招标文件　　　　　　　　　B. 合同文件
   C. 项目管理实施规划　　　　　D. 行业定额
   E. 设计文件

6. 施工成本计划的编制方式有（　　）。
   A. 按成本组成编写　　　　　　B. 按项目结构编写
   C. 按工程实施阶段编写　　　　D. 按工程量清单编写
   E. 按合同结构编写

7. 按施工成本构成编制施工成本计划时，施工成本可以分解为（　　）。
   A. 人工费　　　　　　　　　　B. 材料费
   C. 施工机具使用费　　　　　　D. 规费
   E. 企业管理费

8. 采用赢得值法进行费用和进度综合分析控制时，需要计算的基本参数有（　　）。
   A. 计划工作实际费用　　　　　B. 计划工作预算费用
   C. 已完工作实际费用　　　　　D. 已完工作预算费用
   E. 拟完工作实际费用

9. 在进行工程项目费用控制时，可以立即判断费用超支应采取纠偏措施的情况有（　　）。
   A. 费用超出预算，施工进度正常
   B. 费用超出预算，施工进度提前
   C. 费用消耗低于预算，施工进度正常
   D. 费用消耗低于预算，施工进度拖延
   E. 费用超出预算，施工进度拖延

10. 下列指标中，属于承包企业层面项目成本考核指标的有（　　）。
    A. 施工计划成本实际降低额　　B. 项目施工成本降低额
    C. 目标总成本降低额　　　　　D. 项目施工成本降低率
    E. 施工责任目标成本实际降低率

11. 某商品混凝土目标成本与实际成本对比见下表，关于其成本分析的说法，正确的是（　　）。

项目	单位	目标	实际
产量	m³	600	640
单价	元	715	755
损耗	%	4	3

    A. 实际成本与目标成本的差额是 51536 元
    B. 产量增加使成本增加了 28600 元
    C. 单价提高使成本增加了 26624 元
    D. 该商品混凝土目标成本是 497696 元
    E. 损耗率下降使成本减少了 4832 元

12. 下列有关工程成本的指标中，属于施工成本计划数量指标的有（　　）。
    A. 设计预算成本计划降低额
    B. 按子项汇总的工程项目计划总成本指标
    C. 责任目标成本计划降低率
    D. 按人工、材料、机械等生产要素汇总的计划成本指标
    E. 按分部汇总的各单位工程（或子项目）计划成本指标

13. 下列关于施工成本分析基本方法的用途的说法，正确的是（　　）。
    A. 比较法通过技术经济指标的对比，检查目标的完成情况，分析产生差异的原因
    B. 差额计算法将两个性质不同而又相关的指标加以对比，求出比率
    C. 因素分析法可用来分析各种因素对成本的影响程度
    D. 动态比率法将同类指标不同时期的数值进行对比，分析指标的发展方向和速度
    E. 相关比率法通过构成比率，考察各成本项目占成本总量的比重

14. 用比较法进行施工成本分析时，通常采用的比较形式有（　　）。
    A. 将实际指标与目标指标对比
    B. 本期实际指标与拟完成指标对比
    C. 本期实际指标与上期实际指标对比
    D. 与本行业平均水平对比
    E. 与本行业先进水平对比

15. 下列评价指标中，属于赢得值法评价指标的有（　　）。
    A. 费用偏差（CV）　　　　　　B. 费用偏差指数（CVI）
    C. 进度偏差（SV）　　　　　　D. 进度偏差指数（SVI）
    E. 进度费用综合指数（CSV）

16. 已完成工程计划费用 1200 万元，已完工程实际费用 1500 万元，拟完工程计划费用 1300 万元，关于偏差说法正确的是（   ）

　　A. 进度提前 300 万元　　　　　　B. 进度拖后 100 万元
　　C. 费用节约 100 万元　　　　　　D. 工程盈利 300 万元
　　E. 费用超过 300 万元

17. ★［2020 年浙江］某工程施工至某月底，经偏差分析得到费用偏差（CV）<0，进度偏差（SV）<0，则表明（   ）。

　　A. 已完工程实际费用节约
　　B. 已完工程实际费用>已完工程计划费用
　　C. 拟完工程计划费用>已完工程实际费用
　　D. 已完工程实际进度超前
　　E. 拟完工程计划费用>已完工程计划费用

18. ★［2020 年浙江］可以为施工成本形成过程和影响成本升降因素进行分析而提供资料（依据）的主要有（   ）。

　　A. 财务核算　　　　　　　　　　B. 经济核算
　　C. 会计核算　　　　　　　　　　D. 业务核算
　　E. 统计核算

答案与解析

一、单项选择题

1. A；　2. A；　3. C；　4. A；　5. C；　6. C；　7. A；　8. C；　9. B；　10. C；
11. D；　12. D；　13. D；　14. C；　15. A；　16. B；　17. A；　18. B；　19. D；　20. A；
21. A；　22. C；　23. D；　24. A；　25. C；　26. D；　27. C；　28. A；　29. C；　30. C；
31. C；　32. A；　33. B；　34. C；　35. B；　36. B。

二、多项选择题

1. ABDE；　2. AC；　3. BD；　4. BD；　5. BCE；　6. ABC；　7. ABCE；　8. BCD；
9. AE；　10. BD；　11. ACE；　12. BDE；　13. ACD；　14. ACDE；　15. AC；　16. BE；
17. BE；　18. CDE。

单选题解析

多选题解析

第 2 节 工程变更与索赔管理

复习要点

1. 工程变更管理

（1）变更的范围

合同履行过程中发生下列情形的，应按照合同约定进行变更：

① 取消合同中任何一项工作，但被取消的工作不能转由发包人或其他人实施。

② 改变合同中任何一项工作的质准或其他特性。

③ 改变合同工程的基线、标高、位置和尺寸。

④ 改变合同中任何一项工作的施工时间或改变已批准的施工工艺或顺序。

⑤ 为完成工程需要追加的额外工作。

（2）变更权

发包人和监理人均可以提出变更。变更指示只能由监理人发出，监理人发出变更指示前应征得发包人同意。承包人收到经发包人签认的变更指示后，方可实施变更。未经许可，承包人不得擅自对工程的任何部分进行变更。

（3）变更程序

（4）变更估价

① 已标价工程量清单中适用于变更工作的子目的，采用该子目的单价。

② 已标价工程量清单中无适用于变更工作的子目的，但有类似子目的，可在合理范围内参照类似子目的单价，由监理人与合同当事人商定或确定变更工作的单价。

③ 已标价工程量清单中无适用或类似子目的单价，可按照成本加利润的原则，由总监理工程师与合同当事人商定或确定变更工作的单价。

（5）承包人的合理化建议

（6）措施项目费的调整

1）安全文明施工费应按照实际发生变化的措施项目调整，不得浮动。

2）采用单价计算的措施项目费，应按照实际发生变化的措施项目按照前述已标价工程量清单项目的规定确定单价。

3）按总价（或系数）计算的措施项目费，按照实际发生变化的措施项目调整，但应考虑承包人报价浮动因素，即调整金额按照实际调整金额乘以承包人报价浮动率计算。承包人报价浮动率可按下列公式计算：

① 招标工程：承包人报价浮动率 $L=（1-中标价/最高投标限价）\times 100\%$

② 非招标工程：承包人报价浮动率 $L=（1-报价值/施工图预算）\times 100\%$

（7）工程变更价款调整方法的应用

① 直接采用适用的项目单价的前提是采用的材料、施工工艺和方法相同，也不因此增加关键线路上工程的施工时间。

② 采用适用的项目单价的前提是采用的材料、施工工艺和方法基本相似，不增加关键线路上工程的施工时间，可仅就其变更后的差异部分，参考类似的项目单价由承发包双方协商新的项目单价。

2. 工程索赔管理

工程索赔按不同的划分标准，可分为不同类型。

按索赔的合同依据分类	①合同中明示的索赔		②合同中默示的索赔	
按索赔的分类	①工期索赔		②费用索赔	
按索赔事件的性质分类	①工期延误索赔	②合同被迫终止的索赔		③工期变更索赔
	④赶工索赔	⑤意外风险和不可预见因素索赔		⑥其他索赔

（1）索赔费用的组成

索赔费用的组成与建筑安装工程造价的组成相似，一般包括下列几个方面：分部分项工程量清单费用（人工费、材料费、设备费、管理费、利润、延迟付款利息）、措施项目费用、其他项目费、规费与税金。

（2）索赔费用的计算方法

实际费用法	实际费用法是工程索赔时最常用的一种方法
总费用法	索赔金额＝实际总费用－投标报价估算总费用
修正的总费用法	索赔金额＝某项工作调整后的实际总费用-该项工作调整后的报价费用

一、单项选择题（每题的备选项中，只有1个最符合题意）

1. 根据国际惯例，承包商自有设备的窝工费一般按（　　）计算。
   A. 台班折旧费　　　　　　　　　　B. 台班折旧费＋设备进出现场的分摊费
   C. 台班使用费　　　　　　　　　　D. 同类型设备的租金

2. 工程施工过程中发生索赔事件以后，承包人首先要做的工作是（　　）。
   A. 向监理工程师提出索赔证据　　　B. 提交索赔报告
   C. 提出索赔意向通知　　　　　　　D. 与业主就索赔事项进行谈判

3. 因不可抗力造成的下列损失，应由承包人承担的是（　　）。
   A. 工程所需清理、修复费用
   B. 运至施工场地待安装设备的损失
   C. 承包人的施工机械设备损坏及停工损失
   D. 停工期间，发包人要求承包人留在工地的保卫人员费用

4. 某施工合同约定人工工资为200元/工日，窝工补贴按人工工资的25％计算，在施工过程中发生了下列事件：①出现异常恶劣天气导致工程停工2天，人员窝工20个工日；②因恶劣天气导致场外道路中断，抢修道路用工20个工日；③几天后，场外停电，停工1天，人员窝工10个工日。承包人可向发包人索赔的人工费为（　　）元。
   A. 1500　　　　　　　　　　　　　B. 2500
   C. 4500　　　　　　　　　　　　　D. 5500

5. 下列索赔事件中，承包人可以索赔利润的是（　　）。
   A. 工程变更　　　　　　　　　　　B. 工程暂停

C. 材料价格上涨　　　　　　　　D. 工期延期

6. 最常用的索赔费用计算方法是（　　）。
   A. 总费用法　　　　　　　　　B. 修正总费用法
   C. 网络分析法　　　　　　　　D. 实际费用法

7. 承包人应在知道索赔事件发生后（　　）天内，向监理人递交索赔报告意向通知书，并说明发生索赔事件的事由。
   A. 30　　　　　　　　　　　　B. 28
   C. 14　　　　　　　　　　　　D. 7

8. 施工单位在施工中发生下列事项：完成业主要求的合同外用工花费 3 万元；由于设计图纸延误造成工人窝工损失 1 万元；施工电梯机械故障造成工人窝工损失 2 万元。施工单位可向业主索赔的人工费为（　　）万元。
   A. 3　　　　　　　　　　　　B. 5
   C. 4　　　　　　　　　　　　D. 6

9. 根据《标准施工招标文件》（2017 年版）中的合同通用条件，承包人通常只能获得费用补偿，但不能得到利润补偿和工期顺延的事件是（　　）。
   A. 施工中遇到不利物质条件　　B. 因发包人的原因导致工程试运行失败
   C. 发包人更换其提供的不合格材料　　D. 基准日后法律的变化

10. 根据《标准施工招标文件》（2017 年版）中的通用合同条款，下列引起承包人索赔的事件中，只能获得工期补偿的是（　　）。
    A. 发包人提前向承包人提供材料和工程设备
    B. 工程暂停后因发包人原因导致无法按时复工
    C. 因发包人原因导致工程试运行失败
    D. 异常恶劣的气候条件导致工期延误

11. 工程延误期间，因国家法律、行政法规发生变化引起工程造价变化的，则（　　）。
    A. 承包人导致的工程延误，合同价款均应予调整
    B. 发包人导致的工程延误，合同价款均应予调整
    C. 不可抗力导致的工程延误，合同价款均应予调整
    D. 无论何种情况，合同价款均应予调整

12. 根据《标准施工招标文件》（2017 年版）中通用合同条款，承包人最有可能同时获得工期、费用和利润补偿的索赔事件是（　　）。
    A. 基准日后法律的变化　　　　B. 发包人更换其提供的不合格材料
    C. 发包人提前向承包人提供工程设备　D. 发包人在工程竣工前占用工程

13. 某工程施工过程中发生下列事件：①因异常恶劣气候条件导致工程停工 2 天，人员窝工 20 个工日；②遇到不利地质条件导致工程停工 1 天，人员窝工 10 个工日，处理不利地质条件用工 15 个工日。若人工工资为 200 元/工日，窝工补贴为 100 元/工日，不考虑其他因素。根据《标准施工招标文件》（2017 年版）中通用合同条款，施工企业可向业主索赔的工期和费用分别是（　　）。
    A. 3 天，6000 元　　　　　　　B. 1 天，3000 元

C. 3 天, 4000 元 　　　　　　　　D. 1 天, 4000 元

14. 某房屋基坑开挖后,发现局部有软弱下卧层。甲方代表指示乙方配合进行地质复查,共用工 10 个工日。地质复查和处理费用为 4 万元,同时工期延长 3 天,人员窝工 15 工日。若用工按 100 元/工日、窝工按 50 元/工日计算,则乙方可就该事件索赔的费用是(　　)元。

  A. 41250　　　　　　　　　　　　B. 41750
  C. 42500　　　　　　　　　　　　D. 45250

15. 关于建设工程施工合同索赔,下列说法正确的是(　　)。
  A. 发包人可以在索赔事件发生后暂不通知承包人,待工程结算时一并处理
  B. 发包人向承包人提出索赔,承包人无权要求发包人补充提供索赔理由和证据
  C. 承包人在收到发包人的索赔资料后,未在规定时间内作出答复,视为该索赔事件成立
  D. 承包人未在索赔事件发生后的规定时间内发出索赔通知的,应免除发包人的一切责任

16. 因修改设计导致现场停工而引起施工索赔时,承包商自有施工机械的索赔费用宜按机械(　　)计算。
  A. 租赁费　　　　　　　　　　　　B. 台班费
  C. 折旧费　　　　　　　　　　　　D. 大修理费

17. 根据《标准施工招标文件》(2017 年版),在施工过程中遭遇不可抗力,承包人可以要求合理补偿(　　)。
  A. 费用　　　　　　　　　　　　　B. 利润
  C. 成本　　　　　　　　　　　　　D. 工期

18. 根据《建设工程施工合同(示范文本)》GF—2017—0201,对施工合同变更的估价,已标价工程量清单中无使用项目的单价,监理工程师确定承包商提出的变更工作单价时,应按照(　　)原则。
  A. 固定总价　　　　　　　　　　　B. 固定单价
  C. 可调单价　　　　　　　　　　　D. 成本加利润

19. 根据《建设工程施工合同(示范文本)》GF—2017—0201,关于因变更引起的价格调整的说法,正确的是(　　)。
  A. 已标价工程量清单中有适用于变更工作的项目的,承包人可根据当前市场价格进行重新报价
  B. 已标价工程量清单中没有适用于变更工作或类似项目的,承包人可按照成本加利润的原则进行重新报价
  C. 已标价工程量清单中没有适用于变更工作,但有类似项目的,由承包人参照类似项目确定变更工作单价
  D. 已标价工程量清单中没有适用于变更工作,但有类似项目的,由发包人参照类似项目确定变更工作单价

20. 施工现场主导机械一台,台班单价 1000 元/台班,折旧费 500 元/台班,人工日工单价 100 元/工日。窝工补贴 50 元/工日,由于电网停电导致停工 2 天,人工窝工 10 工

日，则施工企业可索赔（　　）元。

   A. 0
   B. 500
   C. 1000
   D. 1500

21. 由于监理工程师原因引起承包商向业主索赔施工机械闲置费时，承包商自有设备闲置费一般按设备的（　　）计算。

   A. 台班费
   B. 台班折旧费
   C. 台班费与进出场费用
   D. 市场租赁价格

22. 承包人工程索赔成立的条件之一是：造成费用增加或工期损失的原因，合同约定（　　）。

   A. 不属于发包人的合同责任或风险责任
   B. 不属于承包人的行为责任或风险责任
   C. 属于承包人可预见的不利外界条件
   D. 属于分包人的风险

23. 下列关于建设工程索赔成立条件的说法，正确的是（　　）。

   A. 导致索赔的事件必须是对方的过错，索赔才能成立
   B. 只要对方存在过错，不管是否造成损失，索赔都能成立
   C. 不按照合同规定的程序提交索赔报告，索赔不能成立
   D. 只要索赔事件的事实存在，在合同有效期内任何时候提出索赔都能成立

24. 某建设工程由于业主方临时设计变更导致停工。承包商的工人窝工8个工日，窝工费为300元/工日，承包商租赁的挖土机窝工2个台班，挖土机租赁费为1000元/台班，动力费160元/台班；承包商自有的自卸汽车窝工2个台班，该汽车折旧费用400元/台班，动力费为200元/台班，则承包商可以向业主索赔的费用为（　　）。

   A. 4800
   B. 5200
   C. 5400
   D. 5800

25. 某施工项目6月份因异常恶劣的气候条件停工3天，停工费用8万元；之后因停工损失3万元，因施工质量不合格，返工费用4万元。根据《标准施工招标文件》（2017年版）施工承包商可索赔的费用为（　　）万元。

   A. 15
   B. 11
   C. 7
   D. 3

26. 根据《建设工程工程量清单计价规范》GB 50500—2013，工程变更引起施工方案改变并使措施项目发生变化时，承包人提出调整措施项目费用的，应事先将（　　）提交发包人确认。

   A. 拟实施的施工方案
   B. 索赔意向通知
   C. 拟申请增加的费用明细
   D. 工程变更的内容

27. 在工程实施过程中发生索赔事件以后，承包人首先应（　　）。

   A. 向工程师发出书面索赔意向通知
   B. 向建设主管部门报告
   C. 收集索赔证据并计算相应的经济和工期损失
   D. 向工程师递交正式索赔报告

28. 根据《标准施工招标文件》(2017年版)，下列事件中，既可索赔工期又可索赔费用的是(   )。

　　A. 承包人提前竣工
　　B. 提前向承包人提供工程设备
　　C. 施工中遇到不利物质条件
　　D. 异常恶劣的气候条件导致工期延误

29. 某建设项目业主与施工单位签订了可调价格合同。合同中约定：主导施工机械一台为施工单位自有设备，台班单价900元/台班，折旧费为150元/台班，人工日工资单价为40元/工日，窝工工费10元/工日，以人工费为基数的综合费率为30%。合同履行中，因场外停电全场停工2天，造成人员窝工20个工日；因业主指令增加一项新工作，完成该工作需要5天时间，机械5台班，人工20个工日，材料费5500元，则施工单位可向业主提出索赔额为(   )元。

　　A. 11300
　　B. 11540
　　C. 13880
　　D. 11600

30. 某施工现场有装载机2台，由施工企业租得，台班单价5000元/台班，租赁费为2000元/台班，人工工资为80元/日，窝工补贴25元/工日，以人工费和机械费合计为计算基础的综合费率为30%。在施工过程中发生了如下事件：监理人对已经覆盖的隐蔽工程要求重新检查且检查结果合格，配合用工20工日，装载机4台班。为此，施工企业可向业主索赔的费用为(   )元。

　　A. 8080
　　B. 9080
　　C. 18080
　　D. 28080

31. ★[2020年陕西]在进行费用索赔计算时，材料费的索赔内容通常应包括(   )。

　　A. 由于工效降低或停工引起的材料使用量增加
　　B. 承包人管理原因造成的材料损坏失效
　　C. 发包人未及时支付材料预付款产生的罚息
　　D. 由于发包人原因导致工程延期期间的材料价格上涨

32. 工程项目总价值1000万元，合同工期12个月，现承包人因建设条件发生变化需增加额外工程费用100万元，则承包方可提出工期索赔为(   )个月。

　　A. 1.5
　　B. 0.9
　　C. 1.2
　　D. 3.6

33. 某工程合同未在合同中约定工程量偏差时新综合单价的确定原则，若某分部分项清单项目招标工程量清单数量为2000m³，施工由于设计变更调减为1500m³，该分部分项清单项目最高投标限价综合单价为400元/m³，投标报价为300元/m³。若该中标价的报价浮动率为10%，则变更后的该分部分项清单项目结算价为(   )元。

　　A. 600000
　　B. 459000
　　C. 450000
　　D. 540000

34. 根据《建设工程工程量清单计价规范》GB 50500—2013，中标人投标报价浮动率的计算公式是(   )。

　　A. (1-中标价/最高投标限价)×100%
　　B. (1-中标价/施工图预算)×100%

C.（1－不含安全文明施工费的中标价/不含安全文明施工费的最高投标限价）×100%

D.（1－不含安全文明施工费的中标价/不含安全文明施工费的施工图预算）×100%

35. 工程变更引起分部分项工程项目发生变化，已标价工程量清单中有适用于变更工程项目的，采用该项目的单价时，工程变更导致的该清单项目的工程数量变化的最高限额为（　　）。

A. 5%
B. 10%
C. 15%
D. 20%

36. 对某招标工程进行报价分析，在不考虑安全文明施工费的前提下，承包人中标价为1500万元，最高投标限价为1600万元，设计院编制的施工图预算为1550万元，承包人认为的合理报价值为1540万元，则承包人的报价浮动率是（　　）。

A. 0.65%
B. 6.25%
C. 93.75%
D. 96.25%

37. 已知某建设项目采用招标方式选择承包人，已知该项目最高投标限价为6000万元，承包人中标价为5700万元，在最高投标限价和中标价中同时包括安全文明施工费100万元，暂列金额300万元，暂估价500万元，则该项目承包人报价浮动率为（　　）。

A. 7%
B. 5.00%
C. 5.36%
D. 5.45%

38. 某公路工程的Ⅰ标段实行招标确定承包人，中标价为5000万元，最高投标限价为5500万元，其中安全文明施工费为500万元，规费为300万元，税金的综合税率为3.48%，则承包人报价浮动率为（　　）。

A. 9.09%
B. 9.62%
C. 10.00%
D. 10.64%

39. 工程变更类合同价款调整事项中工程变更的范围不包括（　　）。

A. 工程量清单缺项
B. 改变合同中任何工作的质量标准或其他特性
C. 改变工程的基线、标高、位置和尺寸
D. 改变工程的时间安排或实施顺序

40. ★[2020年浙江] 某工程施工过程中发生如下事件：①因异常恶劣气候条件导致工程停工2天，人员窝工20个工日；②遇到不利地质条件导致工程停工1天，人员窝工10个工日，处理不利地质条件用工15个工日。若人工工资为200元/工日，窝工补贴为100元/工日，不考虑其他因素。根据《标准施工招标文件》（2017年版）中的通用合同条款，施工企业可向业主索赔的工期和费用分别是（　　）。

A. 3天，6000元
B. 1天，3000元
C. 3天，4000元
D. 1天，4000元

二、多项选择题（每题的备选项中，有2个或2个以上符合题意，至少有1个错项）

1. 根据《建设工程施工合同（示范文本）》GF—2017—0201，关于变更权的说法，正确的有（　　）。
    A. 发包人和监理人均可以提出变更
    B. 承包人可以根据施工的需要对工程非重要的部分做出适当变更
    C. 监理人发出变更指示一般无需征得发包人的同意
    D. 变更指示均通过监理人发出
    E. 设计变更超过原批准的建设规模时，承包人应先办理规划变更审批手续

2. 下列属于施工合同履行过程中变更的有（　　）。
    A. 增加或减少合同中的任何工作，或者追加额外的工作
    B. 发包人将合同范围内的工作事项交由他人实施
    C. 改变合同中任何工作的质量标准或其他特性
    D. 改变工程的基线、标高、位置和尺寸
    E. 改变工程的时间安排或实施顺序

3. 支持承包人工程索赔成立的基本条件有（　　）。
    A. 合同履行过程中承包人没有违约行为
    B. 索赔事件已造成承包人直接经济损失或工期延误
    C. 索赔事件是因非承包人的原因引起的
    D. 承包人已按合同规定提交了索赔意向通知、索赔报告及相关证明材料
    E. 发包人已按合同规定给予了承包人答复

4. 按照国际惯例，承包商可索赔的材料费包括（　　）。
    A. 由于索赔事项导致材料实际用量超过计划用量而增加的材料费
    B. 由于发包人原因造成材料价格大幅度上涨而增加的材料费
    C. 由于非承包商责任造成的超期储存费用
    D. 由于承包商管理不善，造成材料损坏失效引起的损失费
    E. 承包商使用不合格材料引起的损失费用

5. 根据《标准施工招标文件》（2017 年版），应纳入工程变更范围的有（　　）。
    A. 改变工程的标高　　　　　　　B. 改变工程的实施顺序
    C. 提高合同中的工作质量标准　　D. 将合同中的某项工作转由他人实施
    E. 工程设备价格的变化

6. 根据《建设工程工程量清单计价规范》GB 50500—2013，关于工程变更价款的调整方法，下列说法正确的有（　　）。
    A. 工程变更导致已标价工程量清单项目的工程量变化小于15%，仍采用原价格
    B. 已标价的工程量清单中没有相同或类似的工程变更项目，由发包人提出变更工程项目的总价和单价
    C. 安全文明施工费按照实际发生变化的措施项目并依据国家或省级、行业建设主管部门的规定进行调整
    D. 采用单价方式计算的措施费，按照分部分项工程费的调整方法确定变更单价
    E. 按系数计算的措施项目费均应按照实际发生变化的措施项目调整，系数不得浮动

7. 根据《标准施工招标文件》（2017 年版），工程变更的情形有（　　）。

A. 改变合同中某项工作的质量 B. 改变合同工程原定的位置
C. 改变合同中已批准的施工顺序 D. 为完成工程需要追加的额外工作
E. 取消某项工作改由建设单位自行完成

8. 因发包人原因导致工程延期时，下列索赔事件能够成立的有（   ）。
A. 材料超期储存费用索赔 B. 材料保管不善造成的损坏费用索赔
C. 现场管理费索赔 D. 保险费索赔
E. 保函手续费索赔

9. 根据《标准施工招标文件》（2017年版），承包人有可能同时获得工期和费用补偿的事件有（   ）。
A. 发包方延期提供施工图纸
B. 因不可抗力造成的工期延误
C. 甲供设备未按时进场导致停工
D. 监理对覆盖的隐藏工程重新检查且结果合格
E. 施工中发现文物古迹

10. 根据《建设工程施工合同（示范文本）》GF—2017—0201，关于工程变更程序的说法，正确的有（   ）。
A. 发包人若需对原工程设计进行变更，应提前7天书面通知承包人
B. 工程变更超过原设计标准或批准的建设规模时，发包人应该重新报批
C. 对于发包人的变更通知，承包人有权拒绝执行
D. 承包人在施工中提出的关于对计设计图纸更改的合理化建议，须经监理工程师同意
E. 未经监理工程师同意，承包人擅自变更工程的，承包人应承担由此发生的相应费用

11. 根据《建设工程施工合同（示范文本）》GF—2017—0201，发生工程变更时，若预算书中已有适用于变更合同的价格，则采用合同中单价或价格的情况有（   ）。
A. 直接套用 B. 参照其价格水平另行确定变更价格
C. 换算后采用 D. 承发包双方重新协调变更价格
E. 部分套用

12. 根据《建设工程工程量清单计价规范》GB 50500—2013，因不可抗力事件导致的损害及其费用增加，应由发包人承担的是（   ）。
A. 工程本身的损害 B. 承包人的施工机械损坏
C. 发包方现场的人员伤亡 D. 承包人的停工损失
E. 工程所需的修复费用

13. 下列干扰事件中，承包商能提出工期索赔的是（   ）。
A. 开工前业主未能及时交付施工图纸
B. 由承包商引起的暂停施工造成工期延误
C. 工程师指示承包商加快施工进度
D. 异常恶劣的气候条件
E. 业主未能及时支付工程款造成工期延误

14. 下列情形承包商不能提出索赔的是(　　)。
    A. 由于工程设计变更导致工期延误的
    B. 发包人要求加速施工导致工程成本增加的
    C. 因施工机械故障造成的经济损失
    D. 监理人对覆盖工程重新检查，经检验证明工程质量不符合合同要求的
    E. 特殊恶劣天气导致工期延误的

15. 根据《建设项目工程总承包合同示范文本》(2021版)，下列关于变更程序的说法正确的是(　　)。
    A. 发包人要求的变更，应事先以书面或口头形式通知承包人
    B. 承包人接到发包人变更通知后，有义务在规定时间内向发包人提交书面建议报告
    C. 承包人有义务接受发包人要求的变更，无须通过建议报告表达不支持的观点
    D. 变更指示只能由监理人发出，监理人发出变更指示前应征得发包人同意
    E. 承包人在提交变更建议报告后，在等待发包人回复的时间内，可停止相关工作

16. 根据《标准施工招标文件》(2017年版)中的通用合同条款，下列引起承包人索赔的事件中，只能获得费用补偿的是(　　)。
    A. 发包人提前向承包人提供材料、工程设备
    B. 因发包人提供的材料、工程设备造成工程不合格
    C. 采取合同未约定的安全作业环境及安全施工措施
    D. 发包人在工程竣工前提前占用工程
    E. 异常恶劣的气候条件，导致工期延误

17. 当施工机械停工导致费用索赔成立时，台班停滞费用正确的计算方法是(　　)。
    A. 按照机械设备台班费计算　　B. 按照台班费中的设备使用费计算
    C. 自有设备按照台班折旧费计算　　D. 租赁设备按照台班租金计算
    E. 租赁设备按照台班租金加上每台班分摊的施工机械进出场费计算

18. 根据《标准施工招标文件》(2017年版)中的通用合同条款，工程变更包括(　　)。
    A. 取消合同中的任何一项工作
    B. 改变合同中任何一项工作的质量或其他特性
    C. 改变合同工程的基线、标高、位置和尺寸
    D. 改变合同中任何一项工作的施工时间或改变已批准的施工工艺或顺序
    E. 为完成工程需要追加的额外工作

19. 根据《建设工程施工合同(示范文本)》GF—2017—0201的规定，下列属于工程变更范围的是(　　)。
    A. 改变合同中任何工作的质量标准或其他特性
    B. 取消合同中任何工作，转由其他人实施
    C. 改变工程的基线、标高、位置或尺寸
    D. 改变工程的时间安排或实施顺序
    E. 增加或减少合同中任何工作，或追加额外的工作

20. 下列索赔事件引起的费用索赔中，可以获得利润补偿的有（   ）。
    A. 施工中发现文物   B. 延迟提供施工场地
    C. 承包人提前竣工   D. 延迟提供图纸
    E. 基准日后法律的变化

21. 根据《标准施工招标文件》（2017 年版）中的通用合同条款，承包人可能同时获得工期和费用补偿，但不能获得利润补偿的索赔事件有（   ）。
    A. 发包人提供材料、工程设备不合格 B. 发包人负责的材料延迟提供
    C. 迟延提供施工场地   D. 施工中发现文物
    E. 施工中遇到不利物质条件

22. 某施工合同约定，现场主导施工机械一台，由承包人租得，台班单价为 200 元/台班，租赁费 100 元/天，人工工资为 50 元/日，窝工补贴 20 元/工日，以人工费和机械费为基数的综合费率为 30%。在施工过程中，发生了如下事件：①遇异常恶劣天气导致停工 2 天，人员窝工 30 工日，机械窝工 2 天；②发包人增加合同工作，用工 20 工日，使用机械 1 台班；③场外大范围停电致停工 1 天，人员窝工 20 工日，机械窝工 1 天。据此，下列选项正确的有（   ）。
    A. 因异常恶劣天气停工可得的费用索赔额为 800 元
    B. 因异常恶劣天气停工可得的费用索赔额为 1040 元
    C. 因发包人增加合同工作，承包人可得的费用索赔额为 1560 元
    D. 因停电所致停工，承包人可得的费用索赔额为 500 元
    E. 承包人可得的总索赔费用为 2500 元

答案与解析

一、单项选择题

1. A； 2. C； 3. C； 4. C； 5. A； 6. D； 7. B； 8. C； 9. D； 10. D；
11. B； 12. D； 13. C； 14. B； 15. C； 16. C； 17. D； 18. D； 19. B； 20. D；
21. B； 22. B； 23. C； 24. B； 25. D； 26. A； 27. A； 28. C； 29. B； 30. D；
31. D； 32. C； 33. B； 34. A； 35. C； 36. B； 37. D； 38. A； 39. A； 40. C。

二、多项选择题

1. AD； 2. ACDE； 3. BCD； 4. ABC； 5. ABC； 6. ACD； 7. ABCD；
8. ACDE； 9. ACDE； 10. BDE； 11. ABD； 12. ACE； 13. ADE； 14. CD；
15. BD； 16. AC； 17. CE； 18. BCDE； 19. ACDE； 20. BD； 21. DE；
22. CD。

单选题解析

多选题解析

第 3 节　工程计量支付与结算

> **复习要点**

1. 工程计量

工程量的正确计量是发包人向承包人支付合同价款的前提和依据。

（1）工程计量的原则

1）不符合合同文件要求的工程不予计量。

2）按合同文件所规定的方法、范围、内容和单位计量。

3）因承包人原因造成的超出合同工程范围施工或返工的工程量，发包人不予计量。

（2）单价合同的计量

（3）总价合同的计量

除按照工程变更规定引起的工程量增减外，总价合同各项目的工程量是承包人用于结算的最终工程量。总价合同约定的项目计量应以合同工程经审定批准的施工图纸为依据，发承包双方应在合同中约定工程计量的形象目标或时间节点进行计量。

2. 合同价款调整

下列事项发生，发承包双方应当按照合同约定调整合同价款。

法律法规变化	工程变更	项目特征不符
工程量清单缺项	工程量偏差	计日工
市场价格波动	暂估价	不可抗力
提前竣工（赶工补偿）	误期赔偿	索赔
现场签证	暂列金额	发承包双方约定的其他调整事项

3. 预付款及进度付款

除专用合同条款另有约定外，进度付款申请单应包括下列内容：

1）截至本次付款周期末已实施工程的价款。

2）应增加和扣减的变更金额。

3）应增加和扣减的索赔金额。

4）应支付的预付款和扣减的返还预付款。

5）应扣减的质量保证金。

6）根据合同应增加和扣减的其他金额。

4. 竣工结算与支付

（1）竣工结算的依据

1）《建设工程工程量清单计价规范》GB 50500—2013。

2）工程合同。

3）发承包双方实施过程中已确认的工程量及其结算的合同价款。

4）发承包双方实施过程中已确认调整后追加（减）的合同价款。

5) 建设工程设计文件及相关资料。
6) 投标文件。
7) 其他依据。

(2) 竣工结算的计算方法

《建设工程工程量清单计价规范》GB 50500—2013 中对计价原则有下列规定：

分部分项工程和措施项目中的单价项目应依据双方确认的工程量与已标价工程量清单的综合单价计算；发生调整的，以发承包双方确认调整的综合单价计算
措施项目中的总价项目应依据已标价工程量清单的项目和金额计算；如发生调整的，以发承包双方确认调整的金额计算，其中安全文明施工费必须按照国家或省级、行业建设主管部门的规定计算

其他项目应按下列规定计价	1) 计日工应按发包人实际签证确认的事项计算
	2) 暂估价应按计价规范相关规定计算
	3) 总承包服务费应依据已标价工程量清单的金额计算。发生调整的，以发承包双方确认调整的金额计算
	4) 索赔费用应依据发承包双方确认的索赔事项和金额计算
	5) 现场签证费用应依据发承包双方签证资料确认的金额计算
	6) 暂列金额应减去工程价款调整（包括索赔、现场签证）金额计算，如有余额归发包人

规费和税金应按照国家或省级、行业建设主管部门的规定计算
发承包双方在合同工程实施过程中已确认的工程计量结果和合同价款，在竣工结算办理中应直接进入结算

(3) 竣工结算支付

除专用合同条款另有约定外，竣工结算申请单应包括下列内容：
1) 竣工结算合同价格。
2) 发包人已支付承包人的款项。
3) 应扣留的质量保证金。已缴纳履约保证金的或提供其他工程质量担保方式的除外。
4) 发包人应支付承包人的合同价款。

5. 质量保证金的处理

(1) 承包人提供质量保证金的方式
1) 质量保证金保函。
2) 相应比例的工程款。
3) 双方约定的其他方式。

除专用合同条款另有约定外，质量保证金采用上述第一种方式。

(2) 质量保证金的扣留
1) 在支付工程进度款时逐次扣留，在此情形下，质量保证金的计算基数不包括预付款的支付、扣回以及价格调整的金额。
2) 工程竣工结算时一次性扣留质量保证金。
3) 双方约定的其他扣留方式。

除专用合同条款另有约定外，质量保证金的扣留原则上采用上述第一种方式。发包人累计扣留的质量保证金不得超过工程价款结算总额的3%。如承包人在发包人签发竣工付款证书后28天内提交质量保证金保函，发包人应同时退还扣留的作为质量保证金的工程价款；保函金额不得超过工程价款结算总额的3%。

发包人在退还质量保证金的同时按照中国人民银行发布的同期同类贷款基准利率支付利息。

（3）保修

保修期内，修复的费用按照下列约定处理：

1）保修期内，因承包人原因造成工程的缺陷、损坏，承包人应负责修复，并承担修复的费用以及因工程的缺陷、损坏造成的人身伤害和财产损失。

2）保修期内，因发包人使用不当造成工程的缺陷、损坏，可以委托承包人修复，但发包人应承担修复的费用，并支付承包人合理利润。

3）因其他原因造成工程的缺陷、损坏，可以委托承包人修复，发包人应承担修复的费用，并支付承包人合理的利润，因工程的缺陷、损坏造成的人身伤害和财产损失由责任方承担。

一、单项选择题（每题的备选项中，只有1个最符合题意）

1. 工程预付款的性质是一种提前支付的（　　）。
   A. 工程款　　　　　　　　　　B. 进度款
   C. 材料备料款　　　　　　　　D. 结算款

2. 根据《建设工程工程量清单计价规范》GB 50500—2013，当实际增加的工程量超过清单工程量15%以上，且造成按总价方式计价的措施项目发生变化的，应将（　　）。
   A. 综合单价调高，措施项目费调增　　B. 综合单价调高，措施项目费调减
   C. 综合单价调低，措施项目费调增　　D. 综合单价调低，措施项目费调减

3. 某项目施工合同约定，承包人承租的水泥价格风险幅度为±5%，超出部分采用造价信息法调差，已知投标人投标价格、基准期发布价格为440元/t、450元/t，2018年3月的造价信息发布价为430元/t，则该月水泥的实际结算价格为（　　）元/t。
   A. 418　　　　　　　　　　B. 427.5
   C. 430　　　　　　　　　　D. 440

4. 为合理划分发承包双方的合同风险，有关招标工程，在施工合同中约定的基准日期一般为（　　）。
   A. 招标文件中规定的提交投标文件截止时间前的第28天
   B. 招标文件中规定的提交投标文件截止时间前的第42天
   C. 施工合同签订前的第28天
   D. 施工合同签订前的第42天

5. 某施工合同约定采用价格指数及价格调整公式调整价格差额。调价因素及相关数据见下表。其月完成进度款为1500万元，则该月应当支付给承包人的价格调整金额为（　　）万元。

	人工	钢材	水泥	砂石料	施工机械使用费	定值
权重系数	0.10	0.10	0.15	0.15	0.20	0.30
基准日价格或指数	80元/日	100	110	120	115	—
现行价格或指数	80元/日	102	120	110	120	—

A. -30.3 B. 36.45
C. 112.5 D. 130.5

6. 若施工招标文件和中标人投标文件对工程质量标准的定义不一致，则商签施工合同时，工程质量标准约定应以（　　）为准。

    A. 中标人投标文件 B. 双方重新协商的结果
    C. 招标文件 D. 中标通知书

7. 关于工程计量的方法，下列说法正确的是（　　）。

    A. 按照合同文件中规定的工程量予以计量
    B. 不符合合同文件要求的工程不予计量
    C. 单价合同项目的工程量必须按现行定额规定的工程量计算规则计量
    D. 总价合同项目的工程量是予以计量的最终工程量

8. 对于不实行招标的建设工程，一般以（　　）作为基准日。

    A. 建设工程发包前的第28天 B. 建设工程询价前的第28天
    C. 建设工程施工合同签订前的第28天 D. 建设工程开工前的第28天

9. 承包人原因导致了工程延误，在延误期间国家的法律、行政法规和相关政策发生变化引起工程造价变化的，则调价原则为（　　）。

    A. 造成合同价款增加的，予以调整 B. 造成合同价款减少的，予以调整
    C. 合同价款不予调整 D. 合同价款予以调整

10. 由于发包人原因导致工期延误的，对于计划进度日期后续施工的工程，在使用价格调整公式时，现行价格指数应采用（　　）。

    A. 计划进度日期的价格指数 B. 实际进度日期的价格指数
    C. A 和 B 中较低者 D. A 和 B 中较高者

11. 当发包人要求压缩的工期天数超过定额工期的20%时，应在招标文件中明示（　　）。

    A. 赶工费用 B. 提前竣工奖励
    C. 赶工补偿 D. 提前竣工奖励标准

12. 因物价波动引起的价格调整，可采用价格指数法，在确定可调因子的现行价格指数时，所选择的日期是指（　　）。

    A. 付款证书相关周期最后一天的前42天
    B. 竣工结算前42天
    C. 竣工验收前42天
    D. 竣工决算前42天

13. 由于发包人的原因使工程未在约定的时间内竣工的，对原约定竣工日期后继续施工的工程进行价格调整时，涉及原约定竣工日期价格指数与实际竣工日期价格指数，则调整价格差额计算应采用（　　）。

    A. 原约定日期的价格指数
    B. 实际竣工日期的价格指数
    C. 原约定日期的价格指数与实际竣工日期的价格指数的平均值
    D. 原约定日期的价格指数与实际竣工日期的价格指数中较高的一个

14. 在用价格指数调整价格差额时，价格调整公式中的各可调因子、定值和变值权重，以及基本价格指数及其来源应在（　　）中约定。

　　A. 中标通知书　　　　　　　　　B. 协议书
　　C. 投标函附录价格指数和权重表　　D. 合同专用条款

15. 施工合同中约定，承包人承担的钢筋价格风险幅度为±5%，超出部分依据《建设工程工程量清单规范》GB 50500—2013造价信息法调差。已知承包人投标价格、基准期发布价格分别为2400元/t、2200元/t，2015年12月、2016年7月造价信息发布价为2000元/t、2600元/t，则该两月钢筋的实际结算价格应分别为（　　）。

　　A. 2280，2520　　　　　　　　　B. 2310，2690
　　C. 2310，2480　　　　　　　　　D. 2280，2480

16. 发包人应当依据相关工程的工期定额合理计算工期，压缩的工期天数不得超过定额工期的（　　），超过的，应在招标文件中明示增加赶工费用。

　　A. 5%　　　　　　　　　　　　　B. 10%
　　C. 20%　　　　　　　　　　　　 D. 30%

17. 下列在施工合同履行期间由不可抗力造成的损失中，应由承包人承担的是（　　）。

　　A. 因工程损害导致的第三方人员伤亡
　　B. 因工程损害导致的承包人人员伤亡
　　C. 工程设备的损害
　　D. 应监理人要求承包人照管工程的费用

18. 对于实行招标的建设工程，一般以施工招标文件中规定的提交投标文件的截止时间前的第（　　）天作为基准日。

　　A. 10　　　　　　　　　　　　　B. 14
　　C. 28　　　　　　　　　　　　　D. 30

19. 为了合理划分发承包双方的合同风险，施工合同中应当约定一个基准日，对于实行招标的建设工程，一般以（　　）前的第28天作为基准日。

　　A. 投标截止时间　　　　　　　　B. 招标截止日
　　C. 中标通知书发出　　　　　　　D. 合同签订

20. 对于实行招标的建设工程，因法律、法规、政策变化引起合同价款调整的，调价基准日期一般为（　　）。

　　A. 施工合同签订前的第28天　　　B. 提交投标文件的截止时间前的第28天
　　C. 施工合同签订前的第56天　　　D. 提交投标文件截止时间前的第56天

21. 承发包双方约定承包人承担5%的材料价格风险并采用造价信息调整价格差额，若某材料投标报价为1000元/t，基准价为1050元/t，工程施工期间材料信息价为900元/t，则该材料的实际结算价格为（　　）元/t。

　　A. 950　　　　　　　　　　　　　B. 900
　　C. 902.5　　　　　　　　　　　　D. 907.5

22. 根据《标准设计施工总承包招标文件》规定，发包人最迟应在监理人收到进度付款申请单后的（　　）天内，将进度应付款支付给承包人。

A. 14 B. 28
C. 15 D. 25

23. 进度付款申请单不包括(　　)。
   A. 根据合同中"变更"应增加和扣减的变更金额
   B. 根据合同中"质量保证金"约定应扣减的质量保证金
   C. 根据合同中"索赔"应增加和扣减的索赔金额
   D. 竣工结算合同价

24. 下列关于工程进度款的支付说法正确的是(　　)
   A. 监理人应在收到承包人进度付款申请单后 12 天内完成核查
   B. 进度付款申请单中应包括变更金额和索赔金额
   C. 发包人应在监理人收到进度付款申请单后的 24 天内,将进度应付款支付给承包人
   D. 监理人出具进度付款证书,应视为监理人已同意批准或接受了承包人完成的该部分工作

25. 下列选项中,不属于工程竣工结算的计价原则的是(　　)。
   A. 分部分项工程和措施项目中的单价项目应依据双方确认的工程量与已标价工程量清单的综合单价计算
   B. 措施项目中的总价项目应依据合同约定的项目和金额计算
   C. 规费和税金应按照国家或省级、行业建设主管部门的规定计算
   D. 暂列金额应减去工程价款调整（不包括索赔、现场签证）金额计算,如有余额归发包人

26. 下列选项中,不属于工程竣工结算编制依据的是(　　)。
   A. 工程合同 B. 竣工图
   C. 投标文件 D. 建设工程设计文件及相关资料

27. 关于工程量清单计价方式下竣工结算的编制原则,下列说法正确的是(　　)。
   A. 措施项目费按双方确认的工程量乘以已标价工程量清单的综合单价计算
   B. 总承包服务费按已标价工程量清单的金额计算,不应调整
   C. 暂列金额应减去工程价款调整的金额,余额归承包人
   D. 工程实施过程中发承包双方已经确认的工程计量结果和合同价款,应直接进入结算

28. 承包人向发包人提交的竣工结算款支付申请中,包括的内容有(　　)。
   A. 应扣回的工程预付款 B. 应扣回的甲供材料金额
   C. 应扣回的安全文明施工费预付款 D. 应扣留的质量保证金

29. 工程竣工结算的计价原则中,下列有关其他项目计价规定描述错误的是(　　)。
   A. 计日工应按发包人合同确认的事项计算
   B. 暂估价应按发承包双方按照《建设工程工程量清单计价规范》的相关规定计算
   C. 施工索赔费用应依据发承包双方确认的索赔事项和金额计算
   D. 现场签证费用应依据发承包双方签证资料确认的金额计算

30. 根据《建设工程质量保证金管理办法》（建质〔2017〕138 号）,质量保证金总预

留比例不得高于工程价款结算总额的（   ）

  A. 1%   B. 2%
  C. 3%   D. 5%

31. 某工程合同约定以银行保函替代预留工程质量保证金，合同签约价为800万元。工程价款结算总额为780万元。依据《建设工程质量保证金管理办法》（建质〔2017〕138号）保函金额最大为（   ）万元。

  A. 15.6   B. 16.0
  C. 23.4   D. 24.0

32. 根据《建设工程质量管理条例》，建设工程的保修期自（   ）之日起计算。

  A. 工程交付使用   B. 竣工审计通过
  C. 工程价款结清   D. 竣工验收合格

二、多项选择题（每题的备选项中，有2个或2个以上符合题意，至少有1个错项）

1. 关于法规变化类合同价款的调整，下列说法正确的是（   ）。

  A. 不实行招标的工程，一般以施工合同签订前的第42天为基准日
  B. 招标工程以投标截止日前28天为基准日
  C. 基准日期后，费用增加时，由发包人承担；减少时，应从合同中扣除
  D. 合同当事人无法达成一致，由总监理工程师按商定进行处理
  E. 承包人原因导致的工期延误期间，国家政策变化引起工程造价变化的合同价款不予调整

2. 《建设工程工程量清单计价规范》GB 50500—2013中的工程量清单综合单价，是指完成工程量清单中一个规定项目所需的（   ），以及一定范围内的风险费用。

  A. 人工费、材料和工程设备费   B. 施工机具使用费
  C. 企业管理费   D. 规费
  E. 利润

3. 关于工程计量的原则，下列说法正确的是（   ）。

  A. 按照合同文件中规定的工程量予以确认
  B. 不符合合同文件要求的工程不予以计量
  C. 单价合同项目的工程量必须按现行定额规定的工程量计算规则计量
  D. 总价合同项目的工程量是予以计量的最终工程量
  E. 因承包人原因造成的超出合同工程范围施工或返工的工程量，发包人不予计量

4. 因不可抗力事件导致的人员伤亡、财产损失及其费用增加，发承包双方承担工期和价款损失的原则是（   ）。

  A. 因发生不可抗力间导致工期延误的，工期相应顺延
  B. 停工期间，承包人应发包人要求留在施工场地的必要的管理人员及保卫人员的费用由承包人承担
  C. 发包人、承包人、第三方人员伤亡分别由其所在单位负责，并承担相应费用
  D. 工程所需清理、修复费用，由发包人承担
  E. 承包人的施工机械设备损坏及停工损失，可以向发包人要求补偿

5. 承包人应根据办理的竣工结算文件，向发包人提交竣工结算款支付申请，主要内容包括( )。
   A. 累计已完成的合同价款
   B. 竣工结算合同价款总额
   C. 累计已实际支付的合同价款
   D. 应扣留的质量保证金
   E. 实际应支付的竣工结算款金额

6. 根据《建设工程工程量清单计价规范》GB 50500—2013，关于工程竣工结算的计价原则，下列说法正确的是( )。
   A. 计日工按发包人实际签证确认的事项计算
   B. 总承包服务费依据合同约定金额计算，不得调整
   C. 暂列金额应减去工程价款调整金额计算，余额归发包人
   D. 规费和税金应按国家或省级、行业建设主管部门的规定计算
   E. 总价措施项目应依据合同约定的项目和金额计算，不得调整

答案与解析

一、单项选择题

1. C； 2. C； 3. D； 4. A； 5. B； 6. A； 7. B； 8. C； 9. B； 10. D；
11. A； 12. A； 13. D； 14. C； 15. C； 16. C； 17. B； 18. C； 19. A； 20. B；
21. A； 22. B； 23. D； 24. B； 25. D； 26. B； 27. D； 28. D； 29. A； 30. C；
31. C； 32. D。

二、多项选择题

1. BD； 2. ABCE； 3. BE； 4. AD； 5. BCDE； 6. ACD。

单选题解析

多选题解析

第4节 竣 工 决 算

复习要点

竣工决算是建设工程经济效益的全面反映，是项目法人核定各类新增资产价值、办理其交付使用的依据。

项目竣工财务决算是正确核定项目资产价值、反映竣工项目建设成果的文件，是办理资产移交和产权登记的依据。

1. 项目竣工财务决算的编制依据

1）国家相关法律法规。

2）经批准的可行性研究报告、初步设计、概算及概算调整文件。

3）招标文件及招标投标书，施工、代建、勘察设计、监理及设备采购等合同，政府采购审批文件、采购合同，历年下达的项目年度财政资金投资计划、预算。

4）工程结算资料。

5）相关的会计及财务管理资料。

6）其他相关资料。

2. 项目竣工财务决算审核

财政部门和项目主管部门审核批复项目竣工财务决算时，应当重点审查下列内容：

1）工程价款结算是否正确，是否按照合同约定和国家有关规定进行，有无多算和重复计算工程量、高估冒算建筑材料价格现象。

2）待摊费用支出及其分摊是否合理、正确。

3）项目是否按照批准的概算（预）算内容实施，有无超标准、超规模，超概（预）算建设现象。

4）项目资金是否全部到位，核算是否规范，资金使用是否合理，有无挤占、挪用现象。

5）项目形成资产是否全面反映，计价是否正确，资产接收单位是否落实。

6）项目在建设过程中历次检查和审计所提的重大问题是否已经整改落实。

7）待核销基建支出和转出投资有无依据，是否合理。

8）竣工财务决算报表所填列的数据是否完整，表间勾稽关系是否清晰、明确。

9）尾工工程及预留费用是否控制在概算确定的范围内，预留的金额和比例是否合理。

10）项目建设是否履行基本建设程序，是否符合国家有关建设管理制度要求等。

11）决算的内容和格式是否符合国家有关规定。

12）决算资料报送是否完整、决算数据间是否存在错误。

13）相关主管部门或者第三方专业机构是否出具审核意见。

一、单项选择题（每题的备选项中，只有1个最符合题意）

1. 下列选项中，（　　）是建设工程经济效益的全面反映，是项目法人核定各类新增资产价值、办理其交付使用的依据。

  A. 施工图预算　　　　　　　　B. 设计概算
  C. 竣工结算　　　　　　　　　D. 竣工决算

2. 工程竣工结算书编制与核对的责任分工是（　　）。

  A. 发包人编制，承包人核对　　B. 监理机构编制，发包人核对
  C. 承包人编制，发包人核对　　D. 造价咨询人编制，承包人核对

3. 编制基本建设项目竣工财务决算报表时，下列属于资金占用的项目是（　　）。

  A. 待冲基建支出　　　　　　　B. 应付款
  C. 待核销基建支出　　　　　　D. 未交款

4. 在基本建设项目竣工财务决算表编制过程中，属于资金来源项目的是（　　）。

第 7 章 工程施工和竣工阶段造价管理

  A. 应收生产单位投资借款   B. 交付使用资产
  C. 待核销基建支出   D. 待冲基建支出

 5. 根据财政部《关于进一步加强中央基本建设项目竣工财务决算工作的通知》（财办建〔2008〕91号）的规定，项目建设单位应在项目竣工后（　　）内完成竣工决算的编制工作。

  A. 3个月   B. 1个月
  C. 6个月   D. 2个月

 6. 下列不属于竣工财务决算报表的是（　　）。

  A. 待摊投资明细表   B. 待冲基建支出明细表
  C. 待核销基建支出明细表   D. 转出投资明细表

 7. 在基本建设项目竣工财务决算表中，属于资金来源项目的是（　　）。

  A. 待核销基建支出   B. 预付及应收款
  C. 固定资产   D. 待冲基建支出

 8. ★〔2020年浙江〕某工程项目施工合同约定竣工时间为2018年12月30日，合同实施过程中因承包人施工质量不合格导致总工期延误了2个月，2019年1月项目所在地政府出台了新政策，导致承包人计入总造价的增值税增加了20万元，以下说法正确的是（　　）。

  A. 由承包人与发包人共同承担，理由是国家政策变化，非承包人责任
  B. 由发包人承担，理由是国家政策变化，承包人没有义务
  C. 由承包人承担，理由是承包人责任导致工期延期，进而导致增值税增加
  D. 由发包人承担，承包人承担质量问题责任，发包人承担政策变化责任

二、多项选择题 （每题的备选项中，有2个或2个以上符合题意，至少有1个错项）

 1. 竣工财务决算说明书的主要内容包括（　　）。

  A. 项目概况
  B. 项目建设资金使用、项目结余资金等分配情况
  C. 建设工程竣工图
  D. 主要经济技术指标的分析、计算情况
  E. 交付使用资产总表

 2. ★〔2020年陕西〕下列各项中属于基本建设项目竣工财务决算表中资金来源项目的是（　　）。

  A. 项目资本公积   B. 企业债券资金
  C. 应收生产单位投资借款   D. 待冲基建支出
  E. 货币资金

 3. 下列不属于竣工决算的编制依据的是（　　）。

  A. 工程结算资料   B. 可行性研究报告、初步设计文件
  C. 相关的会计及财务管理资料   D. 招标文件及招标投标书
  E. 地方有关法律法规

 4. ★〔2020年浙江〕承包人应在每个计量周期到期后向发包人提交已完工程进度款

191

支付申请，支付申请包括内容有（　　）
  A. 累计已完成的合同价款
  B. 本周期合计完成的合同价款
  C. 本周期合计应扣减的金额
  D. 本周期实际应支付的合同价款
  E. 预计下期将完成的合同价款

答案与解析

一、单项选择题
1. D； 2. C； 3. C； 4. D； 5. A； 6. B； 7. D； 8. C。

二、多项选择题
1. ABD； 2. ABD； 3. BE； 4. ABCD。

选择题解析

二级造价师职业资格考试

建设工程造价管理基础知识

模拟预测卷（一）

得分	评卷人

一、**单项选择题**（共60题，每题1分，每题的备选项中，只有一个最符合题意。）

1. 某合同约定了违约金，当事人一方迟延履行的根据《中华人民共和国民法典合同编》，违约方应支付违约金并（　　）。
   A. 终止合同履行　　　　　　B. 赔偿损失
   C. 继续履行债务　　　　　　D. 中止合同履行

2. 某建设项目，承包人与分包人口头约定了施工合同内容，施工任务完成后，由于承包人欠工程款而发生纠纷，但双方一直没有签订书面合同，此时应当认定（　　）。
   A. 施工合同成立，但不生效　　B. 施工合同成立，且已生效
   C. 施工合同不成立，不生效　　D. 施工合同不成立，但有效

3. 下列情形属于投标人相互串通投标的是（　　）。
   A. 招标人授意投标人撤换、修改投标文件
   B. 招标人明示或者暗示投标人为特定投标人中标提供方便
   C. 招标人明示或者暗示投标人压低或者抬高投标报价
   D. 属于同一集团、协会、商会等组织成员的投标人按照该组织要求协同投标

4. 根据《注册造价工程师管理办法》，造价工程师初始注册的有效期为（　　）年。
   A. 2　　　　　　　　　　　　B. 3
   C. 4　　　　　　　　　　　　D. 5

5. 投标人或者其他利害关系人认为招标投标活动不符合法律、行政法规规定的，可以自知道或者应当知道之日起（　　）日内向有关行政监督部门投诉。
   A. 5　　　　　　　　　　　　B. 10
   C. 15　　　　　　　　　　　 D. 30

6. 工程设计阶段，（　　）的目的是为了阐明在指定的地点时间和投资控制数额内，拟建项目在技术上的可行性和经济上的合理性。
   A. 初步设计　　　　　　　　　B. 技术设计
   C. 施工图设计　　　　　　　　D. 施工图设计文件的审查

7. 生产准备工作一般应包括的主要内容有（　　）等。
   A. 组织准备、资金准备、物资准备　　B. 组织准备、技术准备、管理准备
   C. 组织准备、技术准备、物资准备　　D. 管理准备、技术准备、资金准备

8. 根据《国务院关于投资体制改革的决定》，下列关于项目投资决策审批制度的说

明，正确的是（　　）。

　　A. 政府投资项目实行审批制和核准制
　　B. 采用资本金注入方式的政府投资项目，需要审批项目建议书、可行性研究报告和开工报告
　　C. 对于企业不使用政府资金投资建设的项目，一律实行备案制
　　D. 按规定应实行备案的项目由企业按照属地原则向地方政府投资主管部门备案

9. 下列工程项目管理组织机构形式中，具有较大的机动性和灵活性，能够实现集权与分权的最优结合，但因有双重领导，容易产生扯皮现象的是（　　）。

　　A. 矩阵制　　　　　　　　　　　B. 直线职能制
　　C. 直线制　　　　　　　　　　　D. 职能制

10. 在工程项目建设程序的（　　），通过对工程项目所作出的基本技术经济规定，编制项目总概算。

　　A. 可行性研究阶段　　　　　　　B. 施工图设计阶段
　　C. 技术设计阶段　　　　　　　　D. 初步设计阶段

11. 下列项目开工建设准备工作中，在办理工程质量监督手续之后才能进行的工作是（　　）。

　　A. 办理施工许可证　　　　　　　B. 编制施工组织设计
　　C. 编制监理规划　　　　　　　　D. 审查施工图设计文件

12. 已知某进口工程设备 FOB 为 50 万美元，美元与人民币汇率为 1∶8，银行财务费率为 0.2%，外贸手续费率为 1.5%，关税税率为 10%，增值税为 17%。若该进口设备抵岸价为 586.7 万元人民币，则该进口工程设备到岸价为（　　）万元人民币。

　　A. 406.8　　　　　　　　　　　B. 450.0
　　C. 456.0　　　　　　　　　　　D. 586.7

13. 关于建筑安装工程费用中建筑业增值税的计算，下列说法正确的是（　　）。

　　A. 当事人可以自主选择一般计税法或简易计税法计税
　　B. 一般计税法、简易计税法中的建筑业增值税税率均为 9%
　　C. 采用简易计税法时，税前造价不包含增值税的进项税额
　　D. 采用一般计税法时，税前造价不包含增值税的进项税额

14. 下列项目中属于设备运杂费中运费和装卸费的是（　　）。

　　A. 国产设备由设备制造厂交货地点起至工地仓库止所发生的运费
　　B. 进口设备由设备制造厂交货地点起至工地仓库止所发生的运费
　　C. 为运输而进行的包装支出的各种费用
　　D. 进口设备由设备制造厂交货地点起至施工组织设计指定的设备堆放地点止所发生的运费

15. 进口设备的原价是指进口设备的（　　）。

　　A. 到岸价　　　　　　　　　　　B. 抵岸价
　　C. 离岸价　　　　　　　　　　　D. 运费在内价

16. 国产设备原价一般指的是设备制造厂的（　　）。

　　A. 离岸价　　　　　　　　　　　B. 到岸价

C. 交货价 D. 抵岸价

17. 某批进口设备离岸价格为1000万元人民币，国际运费为100万元人民币，运输保险费费率为1%。则该批设备关税完税价格应为（　　）万元人民币。
   A. 1100.00 B. 1110.00
   C. 1111.00 D. 1111.11

18. 下列（　　）不属于建设单位管理费。
   A. 工作人员工资 B. 业务招待费
   C. 劳动保护费 D. 工程监理费

19. 某施工企业购入一台施工机械，原价60000元，预计残值率3%，使用年限8年，按平均年限法计提折旧，该设备每年应计提的折旧额为（　　）元。
   A. 5820 B. 7275
   C. 6000 D. 7500

20. 施工定额研究的对象是（　　）。
   A. 工序 B. 整个建筑物
   C. 扩大的分部分项工程 D. 分部分项工程

21. 编制人工定额时，工人在工作班内消耗的工作时间属于损失时间的是（　　）。
   A. 停工时间 B. 休息时间
   C. 准备与结束工作时间 D. 不可避免中断时间

22. 编制劳动定额时，工人装车的砂石数量不足导致的汽车在降低负荷下工作所延续的时间属于（　　）。
   A. 有效工作时间 B. 低负荷下的工作时间
   C. 机械停工时间 D. 机械多余的工作时间

23. 下列关于工程计价的说法，正确的是（　　）。
   A. 工程计价包含计算工程量和套定额两个环节
   B. 建筑安装工程费＝基本构造单元工程量×相应单价
   C. 工程组价包括工程单价的确定和总价的计算
   D. 工程计价中的工程单价仅指综合单价

24. 在可行性研究阶段编制投资估算，当编制建筑工程费用估算时，适合采用100m^{2}断面为单位，用技术标准、结构形式、施工方法相适应的投资估算指标或类似工程造价资料进行估算的是（　　）。
   A. 桥梁 B. 铁路
   C. 隧道 D. 围墙大门

25. 在用类似工程预算法编制工程概算时，用价差公式对类似工程的成本单价进行调整，下列不属于成本单价的是（　　）。
   A. 人工费 B. 施工机具使用费
   C. 企业管理费 D. 规费

26. 采用概算定额法编制设计概算的主要工作有：①列出分部分项工程项目名称并计算工程量；②搜集基础资料；③编写概算编制说明；④计算措施项目费；⑤确定各分部分项工程费；⑥汇总单位工程概算造价。下列工作排序正确的是（　　）。

A. ②①⑤④⑥③ B. ②③①⑤④⑥
C. ③②①④⑤⑥ D. ②①③⑤④⑥

27. 在用类似工程预算法编制工程概算时，价差调整公式中不包括(   )。
   A. 类似工程预算的规费占预算成本的比重
   B. 类似工程预算的企业管理费占预算成本的比重
   C. 类似工程预算的施工机具使用费占预算成本的比重
   D. 类似工程预算的材料费占预算成本的比重

28. 某地2016年拟建一年产50万吨产品的工业项目预计建设期为3年，该地区2013年已建年产40万吨的类似项目投资为2亿元。已知生产能力指数为0.9，该地区2013、2016年同类工程造价指数分别为108、112，预计拟建项目建设期内工程造价年上涨率为5％。用生产能力指数法估算的拟建项目静态投资为(   )亿元。
   A. 2.54 B. 2.74
   C. 2.75 D. 2.94

29. 下列不属于公开招标的优点的是(   )。
   A. 投标竞争不激烈，择优率更高
   B. 在较广的范围内选择承包商
   C. 在较大程度上避免招标过程中的贿标行为
   D. 易于获得有竞争性的商业报价

30. 下列关于工程量清单的说法，正确的是(   )。
   A. 工程量清单是招标文件的组成部分
   B. 工程量清单的表格格式不作要求
   C. 工程量清单不含有措施项目
   D. 在招标人同意的情况下，工程量清单可以由投标人自行编制

31. 下列关于合同价款与合同类型的说法，正确的是(   )。
   A. 招标文件与投标文件不一致的地方，以招标文件为准
   B. 中标人应当自中标通知书收到之日起30天内与招标人订立书面合同
   C. 工期特别近、技术特别复杂的项目应采用总价合同
   D. 实行工程量清单计价的工程，应采用单价合同

32. 合同约定不得违背招、投标文件中关于工期、造价、质量等方面的实质性内容，招标文件与中标人投标文件不一致的地方，以(   )为准。
   A. 招标文件 B. 投标文件
   C. 双方协商后的协议 D. 工程造价咨询机构确定的内容

33. 在招标投标过程中，载明招标文件获取方式的应是(   )。
   A. 招标公告 B. 资格预审公告
   C. 招标文件 D. 投标文件

34. 因不可抗力造成的下列损失，应由承包人承担的是(   )。
   A. 工程所需清理、修复费用
   B. 运至施工场地待安装设备的损失
   C. 承包人的施工机械设备损坏及停工损失

D. 停工期间，发包人要求承包人留在工地的保卫人员费用

35. 某工程施工至月底时的情况为：已完工程量120m，实际单价8000元/m，计划工程量100m，计划单价7500元/m。则该工程在当月底的费用偏差为（　　）。

  A. 超支6万元 B. 节约6万元
  C. 超支15万元 D. 节约15万元

36. 某施工项目经理对商品混凝土的施工成本进行分析，发现其目标成本是44万元，实际成本是48万元，因此要分析产量、单价、损耗率等因素对混凝土成本的影响程度，最适宜采用的分析方法是（　　）。

  A. 比较法 B. 构成比率法
  C. 因素分析法 D. 动态比率法

37. 根据国际惯例，承包商自有设备的窝工费一般按（　　）计算。

  A. 台班折旧费 B. 台班折旧费＋设备进出现场的分摊费
  C. 台班使用费 D. 同类型设备的租金

38. 工程施工过程中发生索赔事件以后，承包人首先要做的工作是（　　）。

  A. 向监理工程师提出索赔证据 B. 提交索赔报告
  C. 提出索赔意向通知 D. 与业主就索赔事项进行谈判

39. 承包人应在知道索赔事件发生后（　　）天内，向监理人递交索赔报告意向通知书，并说明发生索赔事件的事由。

  A. 30 B. 28
  C. 14 D. 7

40. 因修改设计导致现场停工而引起施工索赔时，承包商自有施工机械的索赔费用宜按机械（　　）计算。

  A. 租赁费 B. 台班费
  C. 折旧费 D. 大修理费

41. 可行性研究阶段投资估算的精确度的要求为：误差控制在±（　　）%以内。

  A. 5 B. 10
  C. 15 D. 20

42. 建设项目规模的合理选择关系到项目的成败，决定着项目工程造价的合理与否。影响项目规模合理化的制约因素主要包括（　　）。

  A. 资金因素、技术因素和环境因素 B. 资金因素、技术因素和市场因素
  C. 市场因素、技术因素和环境因素 D. 市场因素、环境因素和资金因素

43. 根据生产能力指数法（$x=0.6$，$f=1.2$），若将设计中的化工生产系统的生产能力提高3倍，其投资额大约增加（　　）%。

  A. 176 B. 112
  C. 232 D. 93

44. 下列关于静态投资部分估算方法的描述，正确的是（　　）。

  A. 在条件允许时，可行性研究阶段可采用生产能力指数法编制估算
  B. 在条件允许时，项目建议书阶段可采用指标估算法编制估算
  C. 在条件允许时，可行性研究阶段可采用系数估算法编制估算

D. 在条件允许时，可行性研究阶段可采用比例估算法编制估算

45. 下列各种投资估算编制方法中，适合用于可行性研究阶段投资估算编制的是（　　）。
   A. 生产能力指数法　　　　　　B. 比例估算法
   C. 指标估算法　　　　　　　　D. 混合估算法

46. 运用生产能力指数法时，若 Q_1 与 Q_2 的比值在 2～50 之间，且拟建项目规模的扩大仅靠增大设备规模来达到时，则 n 取值约在（　　）之间。
   A. 0.5～0.6　　　　　　　　　B. 0.6～0.7
   C. 0.8～0.9　　　　　　　　　D. 0.5～2

47. 根据《建设工程工程量清单计价规范》GB 50500—2013，关于施工发承包投标报价的编制，下列做法正确的是（　　）。
   A. 设计图纸与招标工程量清单项目特征描述不同的，以设计图纸特征为准
   B. 暂列金额应按照招标工程量清单中列出的金额填写不得变动
   C. 材料、工程设备暂估价应按暂估单价，乘以所需数量后计入其他项目费
   D. 总承包服务费应按照投标人提出的协调、配合和服务项目自主报价

48. 确定投标报价中的综合单价时，需要计算清单单位含量，即（　　）。
   A. 每一计量单位的清单项目所分摊的工程内容的定额工程数量
   B. 每一计量单位的清单项目所分摊的工程内容的清单工程数量
   C. 每一计量单位的定额项目所分摊的工程内容的定额工程数量
   D. 每一计量单位的定额项目所分摊的工程内容的清单工程数量

49. 根据《建设工程工程量清单计价规范》GB 50500—2013，承发包双方应当在招标文件中或在合同中对由市场价格波动导致的价格风险的范围和幅度予以明确约定。根据工程特点和工期要求，建议可一般采用的方式是承包人承担（　　）以内的材料价格风险，（　　）以内的施工机械使用费风险。
   A. 10%，5%　　　　　　　　　B. 5%，10%
   C. 2%，5%　　　　　　　　　　D. 5%，2%

50. 成本分析、成本考核、成本核算是建设工程项目施工成本管理的重要环节，仅就此三项工作而言，其正确的工作流程是（　　）。
   A. 成本核算→成本分析→成本考核　　B. 成本分析→成本考核→成本核算
   C. 成本考核→成本核算→成本分析　　D. 成本分析→成本核算→成本考核

51. 某工程施工至 2020 年 7 月底，已完工程计划费用（BCWP）为 600 万元，已完工程实际费（ACVP）为 800 万元，拟完工程计划费用（BCWS）为 700 万元，则该工程此时的偏差情况是（　　）。
   A. 费用节约，进度提前　　　　B. 费用超支，进度拖后
   C. 费用节约，进度拖后　　　　D. 费用超支，进度提前

52. 某土方工程，月计划工程量 2800m³，预算单价 25 元/m³；到月末时已完工程量 3000m³，实际单价 26 元/m³。对该项工作采用赢得值法进行偏差分析的说法，正确的是（　　）。
   A. 已完成工作实际费用为 75000 元

B. 费用偏差为－3000元，表明项目运行超出预算费用
C. 费用绩效指标大于1，表明项目运行超出预算费用
D. 进度绩效指标小于1，表明实际进度比计划进度拖后

53. 建设项目竣工验收后，应由建设单位编制的工程造价是（　　）。
   A. 项目概算　　　　　　　　B. 竣工结算
   C. 竣工决算　　　　　　　　D. 后评价核实

54. 政府投资项目建议书中论述的内容是（　　）。
   A. 项目建设技术的先进性　　B. 项目建设条件的可行性
   C. 项目建设资金的充分性　　D. 项目建设风险的可控性

55. 建设工程项目生产条件中资源和知识的总集成者是（　　）。
   A. 建设单位　　　　　　　　B. 设计单位
   C. 监理单位　　　　　　　　D. 咨询单位

56. 项目融资PPP模式的物有所值定性评价中，采用的补充评价指标是（　　）。
   A. 可融资性　　　　　　　　B. 潜在竞争程度
   C. 绩效导向与鼓励创新　　　D. 全寿命期成本测算准确性

57. 某进口设备到岸价为15000万元，银行财务费、外贸手续费合计360万元，关税为3000万元，消费税税率10%，增值税税率17%。关于该进口设备税、费的说法正确的是（　　）。
   A. 消费税为2000万元　　　　B. 增值税为2250万元
   C. 组成计税价格为18000万元　D. 设备原价为24536万元

58. 按形成资产法估算建设投资时，为简化计算，预备费一并计入（　　）。
   A. 固定资产　　　　　　　　B. 无形资产
   C. 流动资产　　　　　　　　D. 其他资产

59. 投标活动的核心工作是（　　）。
   A. 市场询价　　　　　　　　B. 详细估价及报价
   C. 确定投标策略　　　　　　D. 复核工程量

60. 一次扣还工程预付款时，计算停止收取工程价款起点时，扣留工程款比例一般取（　　）。
   A. 2%～3%　　　　　　　　B. 5%～10%
   C. 10%～20%　　　　　　　D. 20%～30%

得分	评卷人

二、**多项选择题**（共20题，每题2分。每题的备选项中，有2个或者2个以上符合题意，至少有一个错误选项。错选，本题不得分；少选，所选的每个选项得0.5分。）

1. 根据《价格法》，经营者有权制定的价格有（　　）。
   A. 资源稀缺的少数商品价格　　B. 自然垄断经营的商品价格
   C. 属于市场调节的价格　　　　D. 在政府指导价规定的幅度内制定价格
   E. 公益性服务价格

2. 下列工程建设项目中，不属于依法必须招标的项目的是（　　）。

A. 使用大型设施的安全项目
B. 使用国家预算资金 200 万以上且该资金占投资额 10%以上的项目
C. 使用国有企事业单位资金且该资金占控股或主导地位的项目
D. 使用国际组织或外国政府贷款的项目
E. 关于社会公共利益和安全的项目

3. 根据《建设工程质量管理条例》，建设工程竣工验收应当具备的条件包括(　　)。
   A. 完成建设工程设计和合同约定的各项内容
   B. 有完整的施工备案资料，并在建设主管部门备案
   C. 有工程使用的主要建筑材料、建筑构配件和设备的进场试验报告
   D. 有勘察、设计、施工、工程监理等单位分别签署的质量合格文件
   E. 有施工单位签署的工程保修书

4. 下列合同中，自始没有法律约束力的是(　　)。
   A. 无效的合同　　　　　　　　B. 可变更的合同
   C. 可撤销的合同　　　　　　　D. 被撤销的合同
   E. 无代理权人以他人名义订立的合同

5. 工程项目管理的核心任务是控制项目目标，包括(　　)。
   A. 造价控制　　　　　　　　　B. 合同控制
   C. 质量控制　　　　　　　　　D. 进度控制
   E. 索赔控制

6. 建设工程施工联合体承包模式的特点有(　　)。
   A. 业主的合同结构简单，组织协调工作量小
   B. 通过联合体内部合同约束，增加了工程质量监控环节
   C. 施工合同总价可以较早确定，业主可承担较少风险
   D. 施工合同总价风险大，要求各承包商有较高的综合管理水平
   E. 能够集中联合成员单位优势，增强抗风险能力

7. 下列施工企业支出的费用项目中，属于建筑安装企业管理费的有(　　)。
   A. 技术开发费　　　　　　　　B. 印花税
   C. 已完工程及设备保护费　　　D. 材料采购及保管费
   E. 财产保险费

8. 当一般纳税人采用一般计税方法时，办公费中增值税进项税额的抵扣原则为(　　)。
   A. 以销售货物适用的相应税率扣减，购进图书、报纸、杂志适用的税率为 13%
   B. 以购进货物适用的相应税率扣减，接受邮政和基础电信服务适用税率为 13%
   C. 以购进货物适用的相应税率扣减，接受增值电信服务适用的税率为 3%
   D. 以购进货物适用的相应税率扣减，购进图书、报纸、杂志适用的税率为 9%
   E. 以购进货物适用的相应税率扣减，接受邮政和基础电信服务适用税率为 9%

9. 下列费用中应计入设备运杂费的有(　　)。
   A. 设备保管人员的工资
   B. 设备采购人员的工资

C. 设备自生产厂家运至工地仓库的运费、装卸费
D. 运输中的设备包装支出
E. 设备仓库所占用的固定资产使用费

10. 根据《建设工程工程量清单计价规范》GB 50500—2013，分部分项工程综合单价包括了相应的（   ）。
    A. 管理费   B. 利润
    C. 税金   D. 措施项目费
    E. 规费

11. 下列各项中应在建设单位管理费中列支的是（   ）。
    A. 基本预备费   B. 业务招待费
    C. 勘察设计费   D. 竣工验收费
    E. 总承包服务费

12. 下列各类时间中属于工序作业时间的是（   ）。
    A. 基本工作时间   B. 辅助工作时间
    C. 准备与结束工作时间 D. 不可避免的中断时间
    E. 休息时间

13. 关于我国项目前期阶段投资估算的误差率要求，下列说法正确的是（   ）。
    A. 项目建议书阶段，允许误差大于±30%
    B. 详细可行性研究阶段，要求误差控制在±30%以内
    C. 初步可行性研究阶段，要求误差控制在±20%以内
    D. 初步可行性研究阶段，要求误差控制在±15%以内
    E. 详细可行性研究阶段，要求误差控制在±10%以内

14. 关于流动资金的估算，下列表述正确的是（   ）。
    A. 对于存货中的外购原材料和燃料，要分品种和来源，运输方式和运输距离，以及占用流动资金的比重大小等因素考虑其最低周转天数
    B. 流动资金属于短期性流动资产，流动资金的筹措可以通过短期负债和资本金的方式解决
    C. 用扩大指标估算法计算流动资金，应能够在经营成本估算之后进行
    D. 在不同生产负荷下的流动资金，可以直接按照100%生产负荷下的流动资金乘以生产负荷百分比求得
    E. 扩大指标估算法简便易行，但准确度不高，适用于项目建议书阶段的估算

15. 单位工程概算按其工作性质可分为单位建设工程概算和单位设备及安装工程概算两类，下列属于单位设备及安装工程概算的是（   ）。
    A. 热力设备及安装工程概算   B. 通风、空调工程概算
    C. 工器具及生产家具购置费概算 D. 电气、照明工程概算
    E. 弱电工程概算

16. 关于施工标段划分的说法，正确的是（   ）。
    A. 标段划分多，业主协调工作量小
    B. 承包单位管理能力强，标段划分宜多

C. 业主管理能力有限，标段划分宜少

D. 标段划分少，会减少投标者数量

E. 标段划分多，有利于施工现场布置

17. 根据我国现行施工招标投标管理规定，投标有效期的确定一般应考虑的因素有（　　）。

　　A. 投标报价需要的时间　　B. 组织评标需要的时间
　　C. 确定中标人需要的时间　　D. 签订合同需要的时间
　　E. 提交履约保证金需要的时间

18. 进行措施项目投标报价时，措施项目的内容通常依据（　　）确定。

　　A. 招标人提供的措施项目清单
　　B. 常规施工方案
　　C. 设计文件
　　D. 与建设项目相关的标准、规范、技术资料
　　E. 投标人投标时拟定的施工组织设计或施工方案

19. 竣工财务决算说明书的主要内容包括（　　）。

　　A. 项目概况
　　B. 项目建设资金使用、项目结余资金等分配情况
　　C. 建设工程竣工图
　　D. 主要经济技术指标的分析、计算情况
　　E. 交付使用资产总表

20. 因不可抗力事件导致的人员伤亡、财产损失及其费用增加，发承包双方承担工期和价款损失的原则是（　　）。

　　A. 因发生不可抗力导致工期延误的，工期相应顺延
　　B. 停工期间，承包人应发包人要求留在施工场地的必要的管理人员及保卫人员的费用由承包人承担
　　C. 发包人、承包人、第三方人员伤亡分别由其所在单位负责，并承担相应费用
　　D. 工程所需清理、修复费用，由发包人承担
　　E. 承包人的施工机械设备损坏及停工损失，可以向发包人要求补偿

答案

二级造价师职业资格考试

建设工程造价管理基础知识

模拟预测卷（二）

得分	评卷人

一、**单项选择题**（共 60 题，每题 1 分，每题的备选项中，只有一个最符合题意。）

1. 根据《中华人民共和国民法典合同编》的规定，属于可变更、可撤销的合同的是（　　）合同。
   A. 以欺诈、胁迫的手段订立损害国家利益的
   B. 以合法形式掩盖非法目的
   C. 因重大误解订立或订立时显失公平的
   D. 恶意串通，损害国家、集体或第三人利益的

2. 根据《建筑法》，获取施工许可证后因故不能按期开工的，建设单位应当申请延期，延期的规定是（　　）。
   A. 以两次为限，每次不超过 2 个月　　B. 以三次为限，每次不超过 2 个月
   C. 以两次为限，每次不超过 3 个月　　D. 以三次为限，每次不超过 3 个月

3. 在建筑安全生产管理中，建筑施工企业在编制施工组织设计时，应当根据建筑工程的特点制定相应的（　　）。
   A. 专项安全技术措施　　B. 安全管理措施
   C. 安全技术措施　　D. 技术措施

4. 关于勘察、设计单位工程承揽描述错误的是（　　）。
   A. 从事建设工程勘察、设计的单位应当依法取得相应等级的资质证书
   B. 勘察、设计单位在其资质等级许可的范围内承揽工程
   C. 禁止勘察、设计单位超越其资质等级许可的范围承揽工程
   D. 勘察、设计单位不得转包或者分包所承揽的工程

5. 根据《建筑法》，关于联合承包的说法不正确的是（　　）。
   A. 按承包各方投入比例承担相应责任
   B. 大型建筑工程或结构复杂的建筑工程，可以由两个以上的承包单位联合共同承包
   C. 共同承包的各方对承包合同的履行承担连带责任
   D. 按照资质等级低的单位的业务许可范围承揽工程

6. 根据《工程造价咨询企业管理办法》，工程造价咨询企业跨省、自治区、直辖市承接工程造价咨询业务的，应当自承接业务之日起（　　）日内到建设工程所在地人民政府建设主管部门备案。

A. 15 B. 20
C. 30 D. 60

7. 根据《工程造价咨询企业管理办法》，工程造价咨询企业出具的工程造价成果文件除由执行咨询业务的注册造价工程师签字、加盖个人执业印章外，还应当加盖（　　）。

　　A. 工程造价咨询企业的执业印章
　　B. 工程造价咨询企业法定代表人的执业印章
　　C. 工程造价咨询企业技术负责人的执业印章
　　D. 工程造价咨询企业项目负责人的执业印章

8. 工程项目的种类繁多，为了适应科学管理的需要，可以从不同的角度进行分类，建设工程项目按项目的（　　）划分，可分为政府投资项目和非政府投资项目。

　　A. 建设性质 B. 投资来源
　　C. 项目规模 D. 投资作用

9. 根据《房屋建筑和市政基础设施工程施工图设计文件审查管理办法》的规定，（　　）应当将施工图送施工图审查机构审查。

　　A. 施工单位 B. 监理单位
　　C. 建设单位 D. 设计单位

10. 项目后评价是工程项目实施阶段管理的延伸，它的基本方法是（　　）。

　　A. 统计法 B. 比例法
　　C. 理论计算法 D. 对比法

11. 不赚取总包与分包单位之间的差价的模式是（　　）。

　　A. DB B. DBB
　　C. CM D. DBO

12. 某建设单位在工程项目组织结构设计中采用了直线制组织结构模式（下图所示）。图中反映了业主、设计单位、施工单位和为业主提供设备的供货商之间的组织关系，该图表明（　　）。

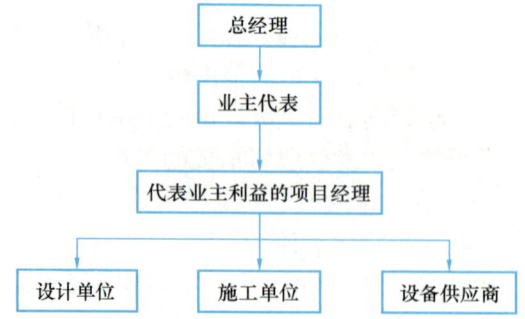

　　A. 总经理可直接向设计单位下达指令 B. 总经理可直接向项目经理下达指令
　　C. 总经理必须通过业主代表下达指令 D. 业主代表可直接向施工单位下达指令

13. 应列入建设项目总投资的铺底流动资金，一般按流动资金的（　　）计算。

　　A. 10% B. 15%
　　C. 20% D. 30%

14. 生产性建设项目总投资包括（　　）两部分。
   A. 建设投资和铺底流动资金 B. 建筑工程安装费和建设期利息
   C. 无形资产和其他资产 D. 建设投资和建设期利息

15. 下列不属于静态投资的是（　　）。
   A. 建筑安装工程费 B. 设备及工器具购置费
   C. 建设期利息 D. 基本预备费

16. 施工企业采购的某建筑材料出厂价为3500元/t，运费为400元/t，运输损耗率为2%，采购保管费率为5%，则计入建筑安装工程材料费的该建筑材料单价为（　　）元/t。
   A. 4176.9 B. 4173.0
   C. 3748.5 D. 3745.0

17. 施工中发生的下列与材料有关的费用，属于建筑安装工程费中的材料费的是（　　）。
   A. 对原材料进行鉴定发生的费用
   B. 施工机械整体场外运输的辅助材料费
   C. 原材料的运输装卸过程中不可避免的损耗费
   D. 机械设备日常保养所需的材料费用

18. 施工企业向建设单位提供预付款担保生产的费用，属于（　　）。
   A. 财务费 B. 财产保险费
   C. 风险费 D. 办公费

19. 采用装运港船上交货价的进口设备，估算其购置费时，货价按照（　　）计算。
   A. 出厂价 B. 到岸价
   C. 抵岸价 D. 离岸价

20. 某进口设备的离岸价为20万美元，到岸价为22万美元，人民币与美元的汇率为8.3∶1，进口关税率为7%，则该设备的进口关税为（　　）万元人民币。
   A. 1.54 B. 2.94
   C. 11.62 D. 12.78

21. 进口产品增值税额的计税基数为（　　）。
   A. 离岸价×人民币外汇牌价+进口关税+消费税
   B. 离岸价×人民币外汇牌价+进口关税+外贸手续费
   C. 到岸价×人民币外汇牌价+外贸手续费+银行财务费
   D. 到岸价×人民币外汇牌价+进口关税+消费税

22. 下列建设工程项目相关费用中，属于工程建设其他费用的是（　　）。
   A. 专项评价费 B. 建筑安装工程费
   C. 设备及工器具购置费 D. 预备费

23. 下列关于工程建设其他费用中场地准备费和临时设施费的说法，正确的是（　　）。
   A. 场地准备费是由承包人组织进行场地平整等准备工作而发生的费用
   B. 临时设施费是承包人为满足工程建设需要搭建临时建筑物的费用
   C. 新建项目的场地准备费和临时设施费应根据实际工程量估算或按工程费用比例

计算
   D. 场地准备费和临时设施费应考虑大型土石方工程费用

24. 下列关于联合试运转费的说法，正确的是(   )。
   A. 试运转收入大于费用支出的工程，不列此项费用
   B. 联合试运转费应包括设备安装时的调试和试车费用
   C. 试运转费用支出大于试运转收入的工程，不列此项费用
   D. 试运转中因设备缺陷发生的处理费用应计入联合试运转费

25. 某建设项目设备及工器具购置费为600万元，建筑安装工程费为1200万元，工程建设其他费为100万元，建设期贷款利息为20万元，基本预备费率为10%，则该项目基本预备费为(   )万元。
   A. 120   B. 180
   C. 182   D. 190

26. 编制建设项目投资估算时，考虑项目在实施中可能会发生变更增加工程量，投资计划中需要事先预留的费用是(   )。
   A. 涨价预备费   B. 铺底流动资金
   C. 基本预备费   D. 工程建设其他费用

27. 在建设工程项目总投资组成中的基本预备费主要是为(   )。
   A. 建设期内材料价格上涨增加的费用
   B. 因施工质量不合格返工增加的费用
   C. 设计变更增加工程量的费用
   D. 因业主方拖欠工程款增加的承包商贷款利息

28. 某地2020年拟建年产30万吨化工产品项目。依据调查，某生产相同产品的已建成项目，年产量为10万吨，建设投资为12000万元。若生产能力指数为0.9，综合调整系数为1.15，则该拟建项目的建设投资是(   )万元。
   A. 28047   B. 36578
   C. 37093   D. 37260

29. 初步可行性研究阶段投资估算精度的要求为：误差控制在±(   )%以内。
   A. 5   B. 10
   C. 15   D. 20

30. 建设项目规模的合理选择关系到项目的成败，决定着项目工程造价的合理与否。影响项目规模合理化的制约因素主要包括(   )。
   A. 资金因素、技术因素和环境因素   B. 资金因素、技术因素和市场因素
   C. 市场因素、技术因素和环境因素   D. 市场因素、环境因素和资金因素

31. 合同条款及格式的组成不包括(   )。
   A. 综合合同条款
   B. 通用合同条款
   C. 专用合同条款
   D. 合同附件格式

32. 投资估算精度相对较高，既可以适用于项目建议书阶段又适用于可行性研究阶段

使用的投资估算方法是（   ）。
  A. 类似项目对比法 B. 系数估算法
  C. 生产能力指数法 D. 指标估算法

33. 某地 2017 年拟建一座年产 20 万吨的化工厂，该地区 2015 年建成的年产 15 万吨相同产品的类似项目实际建设投资为 6000 万元。2015 年和 2017 年该地区的工程造价指数（定基指数）分别为 1.12、1.15，生产能力指数为 0.7，预计该项目建设期的两年内工程造价仍将年均上涨 5%。则该项目的静态投资为（   ）万元。
  A. 7147.08 B. 7535.09
  C. 7911.84 D. 8307.43

34. 投资估算一般分为（   ）。
  A. 建设项目、单项工程、单位工程三个层次
  B. 单项工程、单位工程两个层次
  C. 单项工程、单位工程、分部工程三个层次
  D. 建设项目、单项工程两个层次

35. 投资估算精度相对较高，既可以适用于项目建议书阶段又适用于可行性研究阶段使用的投资估算方法是（   ）。
  A. 类似项目对比法 B. 系数估算法
  C. 生产能力指数法 D. 指标估算法

36. 概算定额是在预算定额的基础上，根据有代表性的建筑工程通用图和标准图等资料，进行综合、扩大和合并而成。因此，建筑工程概算定额，也称为（   ）。
  A. 概算指标 B. 综合结构定额
  C. 扩大结构定额 D. 补充定额

37. 投资估算精度应满足控制（   ）的要求。
  A. 初步设计概算 B. 施工图预算
  C. 项目资金筹资计划 D. 项目投资计划

38. 按照国家有关规定，作为年度固定资产投资计划、计划投资总额及构成数额的编制和确定依据的是（   ）。
  A. 经批准的投资估算 B. 经批准的设计概算
  C. 经批准的施工图预算 D. 经批准的工程决算

39. 在传统计价模式下，编制施工图预算的要素价格是根据（   ）确定的。
  A. 企业定额 B. 市场价格
  C. 要素信息价 D. 预算定额

40. 实物量法和预算单价法在编制施工图预算的主要区别在于（   ）不同。
  A. 依据的定额 B. 工程量的计算规则
  C. 人料机费用的计算过程和方法 D. 确定利润的方法

41. 施工图预算包括：单位工程预算、单项工程预算和（   ）。
  A. 分部分项工程预算 B. 其他项目预算
  C. 零星项目预算 D. 建设项目总预算

42. 关于我国项目前期各阶段投资估算的精度要求，下列说法正确的是（   ）。

A. 项目建议书阶段，允许误差大于±30％
B. 投资设想阶段，要求误差控制在±30％以内
C. 预可行性研究阶段，要求误差控制在±20％以内
D. 可行性研究阶段，要求误差控制在±15％以内

43. 产品功能可从不同的角度进行分析，按功能的性质不同，产品的功能可分为（　　）。
A. 必要功能和不必要功能　　B. 基本功能和辅助功能
C. 使用功能和品位功能　　　D. 过剩功能和不足功能

44. 采用工程量清单方式招标，工程量清单必须作为招标文件的组成部分，其正确性和完整性由（　　）负责。
A. 投标人　　　　　　　　　B. 造价咨询人
C. 招标人和投标人共同　　　D. 招标人

45. 下列关于工程量清单的说法，正确的是（　　）。
A. 工程量清单是招标文件的组成部分
B. 工程量清单的表格格式不作要求
C. 工程量清单不含有措施项目
D. 在招标人同意的情况下，工程量清单可以由投标人自行编制

46. 在分部分项工程量清单的编制过程中，由招标人负责前（　　）项内容填列。
A. 三　　　　　　　　　　　B. 四
C. 五　　　　　　　　　　　D. 六

47. 关于招标工程量清单中其他项目清单的编制，下列说法正确的是（　　）。
A. 投标人情况、发包人对工程管理要求对其内容会有直接影响
B. 暂列金额可以只列总额，但不同专业预留的暂列金额应分别列项
C. 专业工程暂估价应包括利润、规费和税金
D. 计日工的暂定数量可以由投标人填写

48. 根据《建设工程工程量清单计价规范》GB 50500—2013 中对最高投标限价的相关规定，下列说法正确的是（　　）。
A. 最高投标限价公布后根据需要可以上浮或下调
B. 招标人可以只公布最高投标限价总价，也可以只公布单价
C. 最高投标限价可以在招标文件中公布，也可以在开标时公布
D. 高于最高投标限价的投标报价应被拒绝

49. 根据《建设工程工程量清单计价规范》GB 50500—2013，关于最高投标限价的表述符合规定的是（　　）。
A. 最高投标限价不能超过批准的概算
B. 投标报价与最高投标限价的误差超过±3％时，应予拒绝
C. 最高投标限价不应在招标文件中公布，应予保密
D. 工程造价咨询人不得同时编制同一工程的最高投标限价和投标报价

50. 根据《建设工程工程量清单计价规范》GB 50500—2013，投标时可由投标企业根据其施工组织设计自主报价的是（　　）。

A. 安全文明施工费 B. 大型机械设备进出场及安拆费
C. 规费 D. 税金

51. 根据《建设工程工程量清单计价规范》GB 50500—2013，采用工程量清单招标的工程，投标人在投标报价时不得作为竞争性费用的是（　　）。

A. 二次搬运费 B. 安全文明施工费
C. 夜间施工费 D. 总承包服务费

52. 实行工程量清单计价的招标工程，投标人可完全自主报价的是（　　）。

A. 暂列金额 B. 总承包服务费
C. 专业工程暂估价 D. 措施项目费

53. 某施工项目经理对商品混凝土的施工成本进行分析，发现其目标成本是44万元，实际成本是48万元，因此要分析产量、单价、损耗率等因素对混凝土成本的影响程度，最适宜采用的分析方法是（　　）。

A. 比较法 B. 构成比率法
C. 因素分析法 D. 动态比率法

54. 某单位产品1月份成本相关参数下列表，用因素分析法计算，单位产品人工消耗量变动对成本的影响是（　　）元。

项目	单位	计划值	实际值
产品产量	件	180	200
单位产品人工消耗量	工日/作	12	11
人工单价	元/工日	100	110

A. －20000 B. －18000
C. －19800 D. 22000

55. 编制施工项目成本计划，关键是确定项目的（　　）。

A. 概算成本 B. 成本构成
C. 目标成本 D. 实际成本

56. 因不可抗力造成的下列损失，应由承包人承担的是（　　）。

A. 工程所需清理、修复费用
B. 运至施工场地待安装设备的损失
C. 承包人的施工机械设备损坏及停工损失
D. 停工期间，发包人要求承包人留在工地的保卫人员费用

57. 某施工合同约定人工工资为200元/工日，窝工补贴按人工工资的25%计算，在施工过程中发生了下列事件：①出现异常恶劣天气导致工程停工2天，人员窝工20个工日；②因恶劣天气导致场外道路中断，抢修道路用工20个工日；③几天后，场外停电，停工1天，人员窝工10个工日。承包人可向发包人索赔的人工费为（　　）元。

A. 1500 B. 2500
C. 4500 D. 5500

58. 工程预付款的性质是一种提前支付的（　　）。

A. 工程款 B. 进度款

C. 材料备料款　　　　　　　　D. 结算款

59. 根据《建设工程工程量清单计价规范》GB 50500—2013，当实际增加的工程量超过清单工程量15%以上，且造成按总价方式计价的措施项目发生变化的，应将（　　）。
　　　A. 综合单价调高，措施项目费调增　　B. 综合单价调高，措施项目费调减
　　　C. 综合单价调低，措施项目费调增　　D. 综合单价调低，措施项目费调减

60. 编制基本建设项目竣工财务决算报表时，下列属于资金占用的项目是（　　）。
　　　A. 待冲基建支出　　　　　　　　B. 应付款
　　　C. 待核销基建支出　　　　　　　D. 未交款

得分	评卷人

二、多项选择题（共20题，每题2分。每题的备选项中，有2个或者2个以上符合题意，至少有一个错误选项。错选，本题不得分；少选，所选的每个选项得0.5分。）

1. 根据《招标投标实施条例》，关于投标保证金的说法，正确的是（　　）。
　　　A. 投标保证金有效期应当与投标有效期一致
　　　B. 投标保证金不得超过招标项目估算价的2%
　　　C. 采用两阶段招标的，投标应在第一阶段提交投标保证金
　　　D. 招标人不得挪用投标保证金
　　　E. 招标人最迟应在签订书面合同时退还投标保证金

2. 根据《价格法》，经营者有权制定的价格有（　　）。
　　　A. 资源稀缺的少数商品价格
　　　B. 自然垄断经营的商品价格
　　　C. 属于市场调节的价格
　　　D. 属于政府定价产品范围的新产品试销价格
　　　E. 公益性服务价格

3. 造价工程师应具有良好的职业道德，遵守（　　）的原则，以高质量的服务和优秀的业绩，赢得社会和客户对造价工程师职业的尊重。
　　　A. 诚信　　　　　　　　　　　　B. 公正
　　　C. 敬业　　　　　　　　　　　　D. 精业
　　　E. 进取

4. 建设工程项目是指为完成依法立项的（　　）等各类工程进行的、有起止日期的、达到规定要求的一组相互关联的受控活动组成的特定过程。
　　　A. 新建　　　　　　　　　　　　B. 扩建
　　　C. 改建　　　　　　　　　　　　D. 营运
　　　E. 维修

5. 建设工程项目按照由整体到局部，由大到小，可以划分为（　　）。
　　　A. 单项工程　　　　　　　　　　B. 单位工程
　　　C. 分部工程　　　　　　　　　　D. 分项工程
　　　E. 子项工程

6. 关于Partnering模式的说法，正确的是（　　）。

A. Partnering 协议是业主与承包商之间的协议
B. Partnering 模式是一种独立存在的承发包模式
C. Partnering 模式特别强调工程参建各方基层人员的参与
D. Partnering 协议不仅是法律意义上的合同
E. Partnering 模式强调资源共享，对于参与方必须公开信息，以便及时获取、沟通

7. 关于直线制组织结构的说法，错误的是（   ）。
   A. 每个工作部门的指令是唯一的
   B. 高组织层次部门可以向任何低组织层次下达指令
   C. 优点是集中领导、职责清晰，有利于提高管理工作的效率
   D. 在特大组织系统中，指令路径会很长
   E. 可以避免相互矛盾的指令影响系统运行

8. 工程费用不包括（   ）。
   A. 工程保险费   B. 建筑工程费
   C. 设备购置费   D. 安装工程费
   E. 建设管理费

9. 下列项目中属于工程费用的是（   ）。
   A. 设备及工器具购置费   B. 建设期利息
   C. 建筑安装工程费   D. 基本预备费
   E. 流动资金

10. 下列费用中，属于建筑安装工程人工费的是（   ）。
    A. 生产工人的技能培训费用   B. 生产工人的流动施工津贴
    C. 生产工人的增收节支奖金   D. 项目管理人员的计时工资
    E. 生产工人在法定节假日的加班工资

11. 按照造价形成划分，下列属于措施项目费的是（   ）。
    A. 夜间施工增加费   B. 文明施工费
    C. 冬雨期施工增加费   D. 总承包服务费
    E. 劳动保险费

12. 关于设备运杂费的构成及计算的说法，正确的是（   ）。
    A. 运费和装卸费是由设备制造厂交货地点至施工安装作业面所发生的费用
    B. 进口设备运杂费是由我国到岸港口或边境车站至工地仓库所发生的费用
    C. 原价中没有包含的、为运输而进行包装所支出的各种费用应计入包装费
    D. 采购与仓库保管费不含采购人员和管理人员的工资
    E. 设备运杂费为设备原价与设备运杂费率的乘积

13. 进口设备的交货类型分别为（   ）。
    A. 海上交货类   B. 内陆交货类
    C. 目的地交货类   D. 装运港交货类
    E. 生产地交货类

14. 编制投标报价时，应遵循的原则是（   ）。
    A. 投标人自主确定报价

B. 投标报价不得低于成本
C. 应考虑工期提前的费用要求
D. 利用预算定额进行报价
E. 投标人可以按招标工程量清单以及单价项目、总价项目等进行报价

15. 根据《建设工程工程量清单计价规范》GB 50500—2013，关于国有资金的投资项目最高投标限价的说法，正确的是（　　）。
    A. 最高投标限价可以在公布后上调或下浮
    B. 最高投标限价是对招标工程限定的最高限价
    C. 最高投标限价的作用与标底完全相同
    D. 最高投标限价超过批准的概算时，招标人应将最高投标限价及相关资料报送工程所在地工程造价管理机构备查
    E. 将其报原概算审批部门审核投标人的投标报价高于最高投标限价的，其投标应予以拒绝

16. 根据《建设工程工程量清单计价规范》GB 50500—2013，关于单价项目中风险及其费用的说法，正确的是（　　）。
    A. 招标文件中要求投标人承担的风险，投标人应在综合单价中给予考虑
    B. 投标人在综合单价中考虑风险费时通常以风险费率的形式进行计算
    C. 招标文件中没有提到的风险，投标人在综合单价中不予考虑
    D. 风险范围和风险费用的计算方法应在专用合同条款中作出约定
    E. 施工中出现的风险内容及其范围在招标文件规定的范围内时，综合单价不得变动

17. 《建设工程工程量清单计价规范》GB 50500—2013 中的工程量清单综合单价，是指完成工程量清单中一个规定项目所需的（　　），以及一定范围的风险费用。
    A. 人工费、材料和工程设备费　　　　B. 施工机具使用费
    C. 企业管理费　　　　　　　　　　　D. 规费
    E. 利润

18. 施工合同中约定，承包人承担的钢筋价格风险幅度为±5%，超出部分依据《建设工程工程量清单规范》GB 50500—2013 造价信息法调差。已知承包人投标价格、基准期发布价格分别为 2400 元/t、2200 元/t，2015 年 12 月、2016 年 7 月造价信息发布价为 2000 元/t，2600 元/t。则该两月钢筋的实际结算价格应分别为（　　）元/t 和（　　）元/t。
    A. 2280　　　　　　　　　　　　　　B. 2310
    C. 2520　　　　　　　　　　　　　　D. 2690
    E. 2480

19. 根据《建设工程工程量清单规范》GB 50500—2013，下列关于计日工的说法正确的是（　　）。
    A. 投标时，单价由投标人自主报价，按暂定数量计算合价计入投标总价
    B. 招标工程量清单计日工数量为暂定，计日工费不计入投标总价
    C. 发包人通知承包人以计日工方式实施的零星工作，承包人可以视情况决定是否执行

D. 计日工表的费用项目包括人工费、材料费、施工机具使用费、企业管理费和利润

E. 计日工金额不列入期中支付,在竣工结算时一并支付

20. 关于法规变化类合同价款的调整,下列说法正确的是(　　)。

A. 不实行招标的工程,一般以施工合同签订前的第 42 天为基准日

B. 招标工程以投标截止日前 28 天为基准日

C. 基准日期后,费用增加时,由发包人承担;减少时,应从合同中扣除

D. 合同当事人无法达成一致,由总监理工程师按商定进行处理

E. 承包人原因导致的工期延误期间,国家政策变化引起工程造价变化的合同价款不予调整

答案